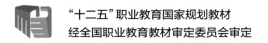"十二五"职业教育国家规划教材
经全国职业教育教材审定委员会审定

园林设计基础

Yuanlin Sheji Jichu

园林绿化 / 园林技术专业

孟宪民　主编

高等教育出版社·北京

内容简介

本书是"十二五"职业教育国家规划教材,是依据教育部《中等职业学校园林绿化专业教学标准(试行)》《中等职业学校园林技术专业教学标准(试行)》,按照"理实一体化""做中学、做中教"等职业教育教学理念编写的。

本书按照项目 – 任务体例编写,以"走进园林艺术世界"开篇,包括体验园林艺术之美、了解设计艺术之韵、掌握园林设计之律 3 个项目,8 个任务,从园林美学、园林艺术及其相关艺术,中外园林的特点,园林造景手法的理论学习,到设计艺术构成、园林布局与艺术构图、园林意境的深入领悟,直至造园要素及其布局和小型绿地方案设计的初步实践,由理论到实践、由园林设计的门外观望到深入了解其中规律并动手进行设计体验,循序渐进,实用性强。

本书同时配套学习卡资源,按照书后"郑重声明"中的提示,登录"http://abook.hep.com.cn/sve",可获取相关教学资源。

本书适用于中等职业学校园林类专业,也可作为园林行业培训教材及在职职工自学用书。

图书在版编目(CIP)数据

园林设计基础 / 孟宪民主编 . –– 北京:高等教育出版社,2021.11

ISBN 978-7-04-057044-1

Ⅰ . ①园… Ⅱ . ①孟… Ⅲ . ①园林设计 – 中等专业学校 – 教材 Ⅳ . ① TU986.2

中国版本图书馆 CIP 数据核字(2021)第 190830 号

| 策划编辑 | 方朋飞 | 责任编辑 | 方朋飞 | 封面设计 | 李小璐 | 版式设计 | 徐艳妮 |
| 插图绘制 | 杨伟露 | 责任校对 | 吕红颖 | 责任印制 | 朱 琦 | | |

出版发行	高等教育出版社	网　址	http://www.hep.edu.cn
社　址	北京市西城区德外大街 4 号		http://www.hep.com.cn
邮政编码	100120	网上订购	http://www.hepmall.com.cn
印　刷	保定市中画美凯印刷有限公司		http://www.hepmall.com
开　本	889mm×1194mm 1/16		http://www.hepmall.cn
印　张	13		
字　数	220 千字	版　次	2021 年 11 月第 1 版
购书热线	010-58581118	印　次	2021 年 11 月第 1 次印刷
咨询电话	400-810-0598	定　价	42.00 元

本书如有缺页、倒页、脱页等质量问题,请到所购图书销售部门联系调换

　　教材是教学过程的重要载体，加强教材建设是深化职业教育教学改革的有效途径，是推进人才培养模式改革的重要条件，也是推动中高职协调发展的基础性工程，对促进现代职业教育体系建设，提高职业教育人才培养质量具有十分重要的作用。

　　为进一步加强职业教育教材建设，2012年，教育部制订了《关于"十二五"职业教育教材建设的若干意见》（教职成〔2012〕9号），并启动了"十二五"职业教育国家规划教材的选题立项工作。作为全国最大的职业教育教材出版基地，高等教育出版社整合优质出版资源，积极参与此项工作，"计算机应用"等110个专业的中等职业教育专业技能课教材选题通过立项，覆盖了《中等职业学校专业目录》中的全部大类专业，是涉及专业面最广、承担出版任务最多的出版单位，充分发挥了教材建设主力军和国家队的作用。2015年5月，经全国职业教育教材审定委员会审定，教育部公布了首批中职"十二五"职业教育国家规划教材，高等教育出版社有300余种中职教材通过审定，涉及中职10个专业大类的46个专业，占首批公布的中职"十二五"国家规划教材的30%以上。我社今后还将按照教育部的统一部署，继续完成后续专业国家规划教材的编写、审定和出版工作。

　　高等教育出版社中职"十二五"国家规划教材的编者，有参与制订中等职业学校专业教学标准的专家，有学科领域的领军人物，有行业企业的专业技术人员，以及教学一线的教学名师、教学骨干，他们为保证教材编写质量奠定了基础。教材编写力图突出以下五个特点：

　　1. 执行新标准。以《中等职业学校专业教学标准（试行）》为依据，服务经济社会发展和产业转型升级。教材内容体现产教融合，对接职业标准和企业用人要求，反映新知识、新技术、新工艺、新方法。

　　2. 构建新体系。教材整体规划、统筹安排，注重系统培养，兼顾多样成才。遵循技术技能人才培养规律，构建服务于中高职衔接、职业教育与普通教育相互沟通的现代职业教育教材体系。

　　3. 找准新起点。教材编写图文并茂，通顺易懂，遵循中职学生学习特点，贴近工作过程、技术流程，将技能训练、技术学习与理论知识有机结合，便于学生系统学习和掌握，符合职业教育的培养目标与学生认知规律。

4．推进新模式。改革教材编写体例，创新内容呈现形式，适应项目教学、案例教学、情景教学、工作过程导向教学等多元化教学方式，突出"做中学、做中教"的职业教育特色。

5．配套新资源。秉承高等教育出版社数字化教学资源建设的传统与优势，教材内容与数字化教学资源紧密结合，纸质教材配套多媒体、网络教学资源，形成数字化、立体化的教学资源体系，为促进职业教育教学信息化提供有力支持。

为更好地服务教学，高等教育出版社还将以国家规划教材为基础，广泛开展教师培训和教学研讨活动，为提高职业教育教学质量贡献更多力量。

高等教育出版社

2015 年 5 月

本书是"十二五"职业教育国家规划教材，依据《中等职业学校园林绿化专业教学标准（试行）》和《中等职业学校园林技术专业教学标准（试行）》编写而成。

园林设计基础，是为园林设计打下坚实理论基础的课程。园林设计在我国是一门古老而又年轻的学科。说它古老，是因为我国的造园史可以追溯到几千年前，有一批在世界上堪称绝佳的经典园林范例和理论阐述；说它年轻，是由于这门学科在实践中发展、演变并与现代社会文明融合接轨，又是近几十年的事。

近年来，城镇化进程带动了园林设计的繁荣。随着城镇功能的逐步健全，公园、绿化广场、生态廊道、市郊风景区等成为提升城镇环境质量、改善生活品质和满足文化需求的必然途径。从传统园林到城镇绿化，再到城郊一体化的大地景观，园林设计的观念在逐步深化和完善，领域也在拓宽。设计人员在实践中不断结合国情，在继承传统的基础上，吸纳新思潮、新理念，顺应现代生活的需求。风景园林师不仅主导着园林规划设计，还参与城镇总体规划，在更大更宽的层面上发挥着作用。

随着园林行业的繁荣，院校开设园林相关专业也呈现一派繁荣的景象。各院校为了使培养的学生在就业时具有一定的市场竞争力，出现了"重技能、轻理论"

的现象，这对园林设计和施工人才培养质量产生了一定影响。诚然，园林设计需要较强的手绘技能和计算机辅助设计能力，但不能说具备绘画与作图能力就能产生好的园林作品。园林设计学科所涉及的知识面较广，它包含文学、艺术、植物、生态、工程、建筑等诸多领域，是研究如何运用艺术和技术手段处理自然、建筑和人类活动之间的复杂关系，使人与生活环境达到和谐完美、生态良好、景色如画之境界的一门学科。所以，优秀的园林设计作品与系统的园林科学的基础理论、基本知识密不可分。

优秀的园林作品还与园林施工关系密切，园林施工貌似与园林设计关系不大，但对园林设计理解深刻的施工方，甚至能够弥补设计中的不足，因此，园林建造师也需要学习设计基础知识，理解设计意图。首先，培养正确的园林设计和园林施工理念需要相关的艺术理论知识作为重要支撑。设计师和建造师要对各种美的形态、不同文化环境具有相当的敏感与兴趣，这样才能具备一定的想象力及洞察力，如果对艺术理论的理解不够深，所培养的学生很可能成为程序化的、机械性的"工匠"，而不是真正的设计师和建造师。其次，艺术理论是培养学生创造性思维的基础。一般来说，好的设计是在继承的基础上进行创新。当今社会是信息化与多元化的时代，各种日新月异的园林产品能否立足市场，具有一定的竞争力，关键不仅在于设计，也在于建造细节的把握。独特的构思、丰富的想象力和创新性、完美的形态呈现是园林产品立足市场的关键。而这些能力的培养，离不开对相关理论知识的重视，只有掌握更多的设计规律和原理，才能具备更开阔的视野。最后，当今的设计具有综合性与复杂性的特点，需要设计师和建造师均具备思考能力、分析问题和解决问题的能力，而这一切离不开扎实的理论和丰富的知识储备作为基础，靠单一的技能是不足以解决实际问题的。本着这一初衷，我们在"园林设计基础"课程中安排了分析园林相关艺术、分析中外园林的特点、分析园林造景手法、分析设计艺术构成、理解园林布局与艺术构图、分析园林意境、理解造园要素及其布局、完成小型绿地方案设计 8 个任务。

本书的特点是：

1. 本书遵循由浅入深、从易到难、循序渐进的原则，从园林史、园林艺术理论、艺术设计理论逐步深入到造园要素设计，直至完成一个小型绿地的设计方案。以"项目—任务"为主要线索，共设置 3 大项目 8 个能力训练任务，以理论知识为先导，以能力培养为本位，注重理论与实践的结合。

2. 每个项目中的能力培养环节，均为引导学生明确设计理论在景观设计中的实际应用，从而让学生体会理论知识学习的重要性，并培养分析设计实例的能力。

3. 随堂练习分为设计分析和绘图两种类型，目的是培养学生分析问题、解决问题和动手操作的能力，为今后设计课程的学习打下坚实的基础。设计分析部分需要教师和学生提前做好资料的准备工作。

4. 本书图文并茂，条理清晰，案例丰富，操作性强，易学实用。结合设计分析配有大量的图片，可作为设计的参考资料。

本书适用于园林类、环境艺术、建筑等专业，也可供园林从业人员参考。

本课程具体的学时分配如下表，以供参考。

项目		任务	学时
1	体验园林艺术之美	1.1 园林美学、园林艺术及其相关艺术	8
		1.2 中外园林的特点	8
		1.3 园林造景手法	8
2	了解设计艺术之韵	2.1 设计艺术构成	8
		2.2 园林布局与艺术构图	10
		2.3 园林意境	6
3	掌握园林设计之律	3.1 造园要素及其布局	12
		3.2 小型绿地方案设计	12
		总学时	72

本书由孟宪民任主编，汤鑫、王晓畅、刘桂玲任副主编。书中任务 1.1 由张涵、汤鑫编写，任务 1.2 和任务 2.2 由王晓畅、孟宪民编写，任务 2.1 由孟宪民编写，任务 1.3、任务 3.2 由刘桂玲编写，任务 2.3 由黄银秀、汤鑫编写，任务 3.1 由黄银秀、孟宪民编写。孟宪民、汤鑫对全书进行修改，刘桂玲、孟宪民、薛尧等提供多幅图稿，由孟宪民定稿。感谢高等教育出版社在本书的出版中给予了信任与支持，感谢辽宁林业职业技术学院、江西环境工程职业学院、浙江建设技师学院、赣州农业学校、上海市农业学校给予的大力支持。本书在编写中还选用了一些资料，在此对原作者表示诚挚的谢意！

由于编写时间仓促，加之编者的水平有限，不足之处在所难免，敬请广大读者批评指正。读者意见反馈邮箱：zz_dzyj@pub.hep.cn。

作　者

2021 年 5 月

目 录

世界上的园林多种多样，其中有两大主要类型：东方园林和西方园林。本书主要介绍东方园林和欧洲园林。

东方园林，因典雅精致著称，其风格以中国园林为主要代表。中国的园林艺术源远流长，其完整的理论体系早在公元1631年就见诸明代计成所著《园冶》一书中。该书流入日本，被誉为"夺天工"，可见对其评价之高。其造景手法是写意，讲究在依山傍水之地修建亭台、楼阁、水榭、藤架，园中山石嶙峋、古木参天、曲径通幽，以小中见大的手法，塑造"咫尺山林"的意境。

中国园林艺术是自然环境、建筑、诗、画、楹联、雕塑等多种艺术的综合体现。以中国文化土壤上孕育出来的园林艺术，同中国的文学、绘画有密切的关系。陶渊明用"采菊东篱下，悠然见南山"来体现归隐民间的恬淡心境；王维所经营的被誉为"诗中有画，画中有诗"的辋川别业，充满了诗情画意。中国文化的熏陶，使中国园林风格效法自然、清雅恬淡，在看似不经意的自然山水花草构图中，蕴涵着精妙的意境。

西方园林以规整有序著称，以欧洲园林为主要代表。欧式园林主要依地势而建，其造景手法以修剪造型的植物和宏大建筑为主体。水、常绿植物和柱廊都是重要的造园要素。典型代表是意大利台地园、法国平面图案式园林。

在西方，16世纪的意大利、17世纪的法国和18世纪的英国，园林已被认为是一门非常重要的、融各种艺术为一体的独特艺术。17世纪下半叶，法国造园家勒诺特提出，要强迫大自然接受均匀的法则，他主持设计的凡尔赛宫苑，利用地势平坦的特点，开辟大片草坪、花坛、河渠，创造人为的宏伟华丽的园林风格，被称为勒诺特风格，西欧各国竞相仿效。

著名的德国古典哲学家黑格尔（1770—1831）在他的美学著作中说："园林艺术替精神创造一种环境，一种第二自然。"他认为"园林有两种类型，一类是按绘画原则造的，一类是按建筑原则造的"。前者力图模拟大自然，把大自然风景中令人心旷神怡的部分集中起来，形成完美的整体，这就是园林艺术；后者则用建筑规则来安排自然事物，从自然界取来花草树木，用建筑的规整组合来安排花草树木、喷泉、水池、道路、雕塑等，这也是园林艺术。随着东西方的文化交流，各自的风格相互影响，从而使园林艺术趋于丰富多彩，日新月异。

　　园林设计就是设计一种多维空间，供游人进行游玩、观赏、休憩，组织景区、分隔空间务使全局既有分隔又有联系，各个景区互相呼应衬托。园林布局要突出主体，分出主次，利用地形、植物和建筑、道路等分隔空间，有开有合，有聚有散，曲折多变，小中见大，使全园既有变化又有统一，使游人感觉有不穷之景、不尽之意。风景点的布设既要注意提供游人驻足细细欣赏的静观效果，也要善于运用风景透视线来联络组织各个景点，使游人在行进中感到景色时隐时现、时远时近，不断变化，层层展开，收到步移景异的动观效果。

　　本书共设置 3 个项目——体验园林艺术之美、了解设计艺术之韵、掌握园林设计之律，从园林美学、园林史、园林造景、设计构成、园林布局、艺术构图和园林意境等角度，层层深入，循序渐进，直至引入园林组成要素、园林设计的步骤方法等园林设计基础知识与设计原理，带你一步一步走向园林艺术赏析与设计之路。

体验园林艺术之美

项目导入

　　同学们通过各种媒体接触到的园林艺术，展现的或是中国古典园林与现代园林的诗情画意、楼台亭阁，或是意大利台地园、法国宫廷式花园、英国自然风景式园林等欧洲园林，抑或是"巧于因借""移竹当窗"等艺术手法，让人感觉眼花缭乱、纷繁复杂。这其中有无规律可循呢？通过本项目的学习，我们将逐步进入神奇的园林艺术世界，去探寻园林艺术的独特美感。

任务 1.1　园林美学、园林艺术及其相关艺术

任务目标

知识目标：1. 了解美学的含义。
　　　　　　2. 了解园林美的内涵。
　　　　　　3. 掌握园林艺术与文学、绘画、雕塑等相关艺术的联系。
技能目标：1. 能运用美学原理分析、欣赏中国古典园林中的文学艺术。
　　　　　　2. 能运用美学原理分析、欣赏国外园林中的绘画艺术。

知识学习

一、美学与园林美学

1. 美学

美学是人类区别于动物的一种自然感观感受和内省的表达。美学脱胎于哲学，是自然美、艺术美、社会美的总和，是人们对事物给予的美的概括。事物的美先于人的思维而存在，人对事物产生美的感觉是瞬间的、直接的，不需要经过理性分析等思维活动，而人要表达这个感觉的时候，才启动思维程序来选择表达方式，这才出现用语言来概括的问题，因此美不是人想出来的，表达美才涉及人的思维，而美学是用语言文字概括、解释美，研究美的本质及其意义的独立的学科。

2. 园林美学

园林美学是应用美学理论，研究园林艺术的审美特征和审美规律的学科，是美学理论与园林艺术的结合，它与音乐美学、美术美学、建筑美学等相并列。艺术是生活的反映，生活是艺术的源泉。园林美学实质上研究的是艺术美与自

然美的结合。从某种意义上说，园林美学是对园林美的概括和提炼，用于指导园林建设实践。

二、园林美与园林艺术

1. 园林美

园林美是从观赏者的角度获得的对园林景观的感受，是自然美、艺术美和社会美的高度统一，是衡量园林艺术水平的一个重要标志。

（1）自然美

构成园林的基本要素是树木花草，山水日月、风雨晴晦、云雾天象也都能为园林增色，成为园林设计者要考虑的景象，构成园林作品的基础。因此，园林美首先是园林中的自然景物表现的景象。诸如树木花草的红花绿叶（图1-1-1），假山、水体的玲珑清秀（图1-1-2），花径的蜿蜒曲折（图1-1-3），这些直观可供欣赏的景物画面，构成了园林的自然美。

图 1-1-1　花草的自然美——沈阳世博园百合花展（孟宪民　摄）

图 1-1-2　瀑布的自然美——沈阳世博园的假山瀑布（孟宪民　摄）

图 1-1-3　花径的自然美——沈阳世博园十八盘道路花径（孟宪民　摄）

（2）艺术美

园林是人为营造的景象，为体现人类对美的追求，建造中还需要靠种种造园手法和技巧，合理布局造园要素，巧妙安排园林时序和空间，灵活运用形式美的原则,来激发人们的思想感情,抒写园林意境。《红楼梦》里,曹雪芹笔下的大观园,园中山水、花木、亭台、桥榭的景致,布置井然有序,是一个极妙的园林艺术作品。如林黛玉住的潇湘馆景致:一带粉垣,数楹修舍,有千百翠竹,掩映门外,回廊曲折,鹦鹉唤茶,阶下石子漫成甬道,上面小小三间房舍,两明一暗,窗映茜红,外种大梨树并芭蕉,后院墙下引泉一脉,灌入墙内,绕阶缘屋,至前院盘旋竹下而出。贾宝玉住的怡红院景致:一径引入,绕着碧桃花,穿过竹篱笆,及花障编就的月洞门,俄见粉墙环护,绿柳周垂。进了门,两边尽是游廊相连。院中点缀几块山石,一边种几本芭蕉,一边是一树垂丝海棠,其势若伞,丝垂金缕,葩吐丹砂。这种造园手法完美地体现了园林的艺术美。

（3）社会美

园林美除了自然美与艺术美之外,还有一种社会美。事实上,园林艺术作为一种意识形态,不会单纯地为了艺术而艺术,它自然要受制于社会存在,反映社会生活的内容,表现一种社会思想倾向。上海某公园有一个缺角亭,作为园林建筑单体,缺角并不美,但是它有特殊的社会意义,建此亭时,正值日本侵华,东北三省沦陷,园亭设计者有意识地使东北一角缺掉,表达了对祖国山河破碎的痛惜,可见作者的拳拳爱国之心。理解这一点,就会意识到一种更高层次的美,这就是社会美。

园林美是自然美、艺术美和社会美的有机结合,而不是各部分的总和、拼凑,是一个综合的美的景象。

2. 园林艺术

园林建造作为一种精神创造,表达人们追求的理想境界和物质文化风貌,是一门艺术。园林艺术是通过园林绿化布置,园林建筑、小品点缀,以及筑山理水创造出反映生活环境美的造景艺术,它运用总体布局、空间组合,景物的形象、色彩、节奏等园林语言,构成特定的艺术形象。

园林艺术是造园景物与欣赏评价的总和,一个园林作品,假如不通过欣赏过程为大多数观赏者所认可,很难说是成功的园林作品,或是完成了园林艺术活动的全部内容。当欣赏者思想情感与造园景物发生共鸣,产生心理上的美感与生理上的愉悦时,则这个园林作品是成功的,它为人们的工作和生活创造了一个优美的环境。

我国古典园林非常重视园林景物的布置和意境的布局,巧妙安排建筑、山水、花木等材料，达到"虽由人作，宛自天开"。如"立厅堂为主，先乎取景，妙在朝南""山楼凭远，纵目皆然""花间隐榭，水际安亭""围墙掩映于藤萝之间"等。这样，使一个个景点成为一幅幅画面，达到步移景异之妙，增加和丰富园中空间层次，使构图更为新颖、活泼，更具有浓厚的诗情画意。现代园林中建筑与山水、花木的巧妙结合，也能带来如诗如画的意境美（图1-1-4）。

图1-1-4　现代园林建筑与植物巧妙地结合（孟宪民　摄）

中国古典园林主要特点是：因地制宜，筑山掘池，结合环境布置建筑、花木，相互借景，构成富于自然情趣的园林作品。在布局上，除了游览欣赏功能之外，兼有生活居住之用，划分为若干景区，主次分明，疏密相间，既有曲折，又有开朗，既有封闭，又有流动，有开有合，增加园内景面的多样性，如同一幅展开的画卷，既能动观，又能静观，创造了完美的园林艺术形象。

园林艺术与园林美是相辅相成的，没有艺术的构思与创作，就不能体现园林美的景观。例如，我国古典园林造园取景，是以再现自然山水美为基本原则，以诗情画意融于园林中，这就是园林艺术与园林美的有机结合。如文徵明将唐人王维《辋川诗》中的景观绘成《辋川别业图》，再现王维居所的楼台、花园、圆月桥，以及放鹤于南垞、饲鹿于山溪、浮舫于湖泊的诗情画意，取得高度美感（图1-1-5、图1-1-6）。白居易建"庐山草堂"，前有乔松十数株，修竹千余竿，青萝为墙垣，白石为桥梁，流水周于舍下，飞泉落于檐前，红榴白莲，罗生池砌，这一造园艺术呈现出一幅极美的天然画面。

今天我们在园林中布置树木花草，也往往寄寓着某种思想感情，如垂柳拂水表达了依依留恋之情；绿竹环生体现了文雅多姿、坚贞虚心的意境；松、竹、梅组景，表达了岁寒三友、凌冬不凋的坚固友情。借园林的象征意义，来表达人们的思想感情，这就是园林艺术与园林美的结合。

金屑泉　　欒家濑　柳浪　临湖亭　　北垞　　鹿柴　　宫槐陌　茱萸沜　木兰柴　斤竹岭　文杏馆

图 1-1-5　王维"辋川别业图"

图 1-1-6　表现王维"辋川别业"的绘画

三、园林艺术与相关艺术的关系

1. 园林艺术与我国文学艺术的关系

陈从周先生在《中国诗文与中国园林艺术》一文中指出："中国园林与中国文学，盘根错节，难分难离，我认为研究中国园林，似应先从中国诗文入手，则求其本，先究其源，然后有许多问题可迎刃而解，如果就园论园，则所解不深。"确是一语中的。李浩先生在《唐代园林别业考论》一书中也指出："园林是土木写成的文学，文学则是用语言材料砌成的一座园林。"形象地道出了园林艺术与文学的密切关系。

（1）园林与文学作品

与园林有关的文学作品，反映的是时代对于园林的认识和理解，因而具有时代性。"南朝四百八十寺，多少楼台烟雨中"就是魏、晋、南北朝时期寺庙园林最真实的写照。与园林有关的文学作品，还可以作为重建或修复旧有园林的参考依据，也可以作为研究园林发展历史的文献资料。现在我们所知的园林的起源和发展阶段，有很多就是通过研究文学作品得来的。

与园林有关的文学作品，并不是对园林进行简单的描述，而是艺术的再现，其中包含作者的思想情感和审美观。文学作品中描写的园林并不一定都是现实生活中实际存在的，允许有虚构的成分。它可以是以某一个或某几个园林为原型，也可能完全是作者的臆造。现在北京和上海都有一个"大观园"，都是根据小说《红楼梦》中的"大观园"建造的，是先有文学作品后有园林的实例。由此可见，园林能产生文学作品，文学作品也能产生园林。文学作品与园林作品都不能脱离所处的时代，具有鲜明的时代特征。

（2）文学对园林发展的影响

中国古代并没有专门的造园家，许多园林都是在文人或画家的参与下建造的。文人或画家在造园的同时，把他们的文学思想和绘画的一些观点直接移植到园林中，因而中国的古典园林受文学和绘画的影响也最大。

以抒发自然情趣为主题的田园诗和山水画，使中国的古典园林一步步确立了自然的审美观，即中国的古典园林按照诗和画的创作原则行事，并刻意追求诗情画意一般的艺术境界。这是因为古代的诗人和画家在遍游名山大川之后，要在有限的园林空间再现自然山水，完全照搬是不可能的。所以，只能把对自然的感受用写意的方法表现出来，如圆明园四十景中的"武陵春色"表现的是陶渊明《桃花源记》中的世外桃源景象（图1-1-7）；"夹镜鸣琴"表现了李白诗"两水夹明镜，双桥落彩虹"的意境（图1-1-8）；"上下天光"则是范仲淹《岳阳楼记》中洞庭湖"上

图1-1-7 圆明园四十景之——武陵春色

图 1-1-8　圆明园四十景之一——夹　　图 1-1-9　圆明园四十景之一——上下
镜鸣琴　　　　　　　　　　　　天光

下天光，一碧万顷"的再现（图 1-1-9）。《园冶》中所说的"多方胜境，咫尺山林"实际上是真实自然山水的缩影。

清代的钱泳曾经说过："造园如作诗文，必使曲折有致，前后呼应"。这句话表面上是说造园时要模仿诗文的格式，实质上还是在说造园应追求诗的意境美。

（3）文学在园林中的运用

随着园林的发展，文学意境逐渐地渗透到园林艺术当中，成为园林的一部分。文学在园林中主要表现形式有匾联、题壁、石刻等。内容千差万别，丰富多样，它可以是诗、词、歌、赋等完整的文学作品，也可以是描写意境、内涵的字、词、句。

匾联是中国园林特有的文学表现形式，在大型的园林建筑上尤其不能少。匾联的作用一是表明园林建筑或景点、景区乃至整个园林的名称；二是点出景点或景区的主题；三是园林景观的意境也可以通过匾联的题字来破题。这种形式就如同绘画中的题跋，有助于启发人们的联想，加强感染力（图 1-1-10）。

图 1-1-10　东莞可园的"园中天"
小景及匾联（姚琦 摄）

题壁是指写在墙壁或石壁上的诗词或文章。古代诗人在游园时，触景生情，有感而发，往往把即兴创作的诗词写在墙壁或石壁上，这是题壁最原始的形式。相传李白登黄鹤楼时，正欲题诗，却发现崔颢已经作了《黄鹤楼》诗，于是叹道：

"眼前有景道不得，崔颢题诗在上头"，遂搁笔而去。又据说，陆游和唐琬在绍兴沈园不期而遇，感慨万千，遂在粉墙上写下了《钗头凤》。传说唐琬和了一首：图 1-1-11 是绍兴沈园中后人仿唐琬和陆游词的题壁。通过上述两个例子可以看出，题壁在古代的文人当中曾经是很时尚的。现在流传的一些诗词，其原稿就是题壁。

石刻是指在石头上刻字。它不同于石雕，也有别于金石学中用石头刻制的印章。石刻虽以字为主，但石头形状的选择也很重要。石头可以用天然的形状，也可以加工成特定的形状，加工最彻底的要算是石碑。石刻和匾联一样，对字的要求较高，优秀的石刻和匾联绝对是书法中的佳品。石刻的形状要与园林意境相配合，字的大小布局要与石头协调，刻制也很关键，俗话说"三分写七分刻"就是这个道理。石刻在园林中，可以用来说明造园的一些情况或表示景物的名称（图 1-1-12），也可以像匾联一样深化园林的意境，好的石刻本身就是一景。石刻在园林中的位置是根据需要而定的。除了碑林之外，石刻在园林中不可滥用，要以精取胜。

图 1-1-11 绍兴沈园中后人仿唐琬和
陆游词题壁

图 1-1-12 河北金山岭长城介绍景
点的石刻

文学在园林中还有其他表现形式，比如挂在墙上或摆在案上的文学作品，以及用声音或图像制作的文学作品。文学运用在园林中，拓展了观赏者的想象空间，增加了园林的文化底蕴。

2. 园林艺术与我国绘画艺术的关系

园林艺术和绘画艺术同属于空间造型艺术范畴，是视觉艺术、空间艺术和静态艺术的结合。绘画是将三维空间的物体投射到二维平面上，在有限的几尺画卷中表现世事百态，园林展现的是三维空间中自然的、阔大的、可移动的画卷。园林艺术综合了自然美、生活美、绘画美、建筑美、文学美等各个方面，其中，绘画艺术原理对园林艺术的渗透把园林美推向了更高的境界。

（1）绘画中的构图法则

画家经过苦心孤诣的探索，把自然景观描绘成一幅美的画卷。园林设计师与建造师通过匠心独运的组织、安排，把自然环境改造成美的境界。无论他们要创造一个怎样的意境，首先要考虑的问题便是构图。构图法则主要是以下几方面。

🌿 善取舍：东晋画家顾恺之非常重视绘画的"置陈布势"，要求"密于精思""临见妙裁"，不是见什么画什么，而是要求画家根据"布势"的需要有所选择，进行"妙裁"。同样，设计园林时，也不是景物的百般积累，一园之中，各种花草济济一处反而给人累赘的感觉。景物的一致、近似，又会使人产生单调感、疲倦感。这就要求我们对景物有所取舍，进行"妙裁"，即所谓"触目横斜千万朵，赏心只有三两枝。"

🌿 分宾主：一幅画要有"主点"，亦称画眼，主点可能很小，却要特别引人注目，从而突出画的主题；一幅画也要有陪衬，有主无宾是孤独，有宾无主则散漫。设计园林亦然，景点很多，其中必须有一个是主景，其他均为从属，起衬托主景的作用。自然式园林，主景常布置在自然重心上；规则式园林，主景常居几何中心；混合式园林，主景常在轴线交点上。各种园林为突出主景，它们的配置方式各不相同。另外，建筑物的朝向、山石的体态、树木冠形等均受主景制约，起烘托主景的作用。只有这样，才能营造出宾主分明、井然有序的景观体系。如北海公园的白塔是公园的主景，在琼华岛上鹤立鸡群，其他配景呈众星捧月之势（图1-1-13）。

🌿 有虚实、有呼应、有疏密：山石、树木、云水、人物等一切物象，体现在

图1-1-13　北京北海公园琼华岛

画面上都要采取虚实对比、呼应交接、疏密有致的方法，才能表现出整体的意境与气韵。这种表现手法在园林设计中应用很广。人们常把意境相关的两个空间用疏林、空廊、漏窗、棚架虚分开来，不相关的两个空间则用密林、山阜、建筑、水体等实体分开来。这些隔景中的分隔物通过科学合理的排列，与园林中的景致遥相呼应，形成虚中有实、实中有虚，疏处有景、密处有韵的立体空间，使人有一种满堂景色、韵味无穷的感觉。

🌿 要藏露：中国画贵含蓄，认为一切纤毫毕露就不美了。因此，中国画善于运用藏与露的辩证关系，藏得好，可以使"无景处似有景""形不见而意现"，使观者产生丰富的想象。如山水画中，常借云烟掩映，隐去山涧、水涯的主体，只露一角，使人产生江山无尽、气象万千的联想。所以宋代郭熙云："山欲高，尽出之则不高，烟霞锁其腰，则高矣。"藏与露是辩证的统一体，藏也是为了露。各种形式的藏露无不是为了留给人以想象的空间。

中国园林设计一样擅长运用藏与露。有的景点不到一定部位，不完全展现出来。常用的方法是先设一障景阻隔视线，使人有"山重水复疑无路"之感，通过这一障景"藏"过之后，则豁然开朗，达到"柳暗花明又一村"的境界。藏和露的巧妙运用，提高了绘画及园林景点的艺术效果。

🌿 宜开合：与写文章一样，绘画构图上也讲究起承转合。一幅画从何处开始，如何展开，如何承接呼应，如何收合聚拢，都要有全局的安排、严密的章法。开合分明、聚散得当，才能较好地表达主题思想。园林景观的规划设计也讲求起承转合，如园林中每一个景点都有一个开合关系，突出其中一个小主题；一幅大的构图可以有几个开合，设计时根据景点内容的不同将多个开合蕴涵其中。此外，在空间处理上，开敞的空间与闭锁的空间也可以形成对比，空间有开有合，互相弥补，形成空旷或幽深的境界，增加了空间对比感和层次感，起到引人入胜的效果。例如，从颐和园前山来到后湖，曲折幽深的后湖景区空间时开时合，时收时放，与昆明湖开阔的园林空间形成了明显的对比。

（2）绘画中透视原理的应用

园林艺术和绘画艺术同属于空间艺术类型。把物体形态、体积及其在空间中的位置，用近大远小的透视关系表现出来，使它们具有立体感和远近空间感的方法，叫透视法。郭熙在《林泉高致》中提出"高远、深远、平远"的"三远"透视法，后来韩拙在《山水纯全集》中又补充了"阔远、迷远与幽远"，共称"六远"。园林景观也像一幅山水画，在园林景观设计时，也必须注意构图的丰富层次和相互渲染，处理好前景、中景、远景的关系。一般来说，中景是观赏的主体，前景细致的刻画及远景辽阔空间的延伸，都是为了突出和烘托中景（图1-1-14）。

图1-1-14　北京北海公园静心斋的景深层次（孟宪民 摄）

3. 园林艺术与雕塑艺术的关系

雕塑以其独特的艺术形象，反映一定社会和历史时代的精神，表现一定的思想内容，既可点缀园景，美化环境，又可以形象语言激发感情。在园林中应用雕塑有其悠久的历史，它的存在可赋予园林鲜明而生动的主题，亦可形成某一局部，甚至全园的构图中心。雕塑以其艺术魅力，给人以美的享受，古今中外的园林营造师都曾以雕塑增添园林的艺术色彩，提高风景的感染力（图1-1-15）。

（1）雕塑在我国古代园林中的应用

有人认为雕塑不是中国的东西，或认为与我国民族形式不一致，其实，我国古代在雕塑艺术方面有极其辉煌的成就，只是在风格、形象上有别于古希腊及文艺复兴时期欧洲的雕塑。

我国古代文献早就有园林中应用雕塑的记载。汉武帝时，长安建章宫北太液池畔即

图1-1-15　用雕塑作点景

有雕塑装饰。《三辅黄图》中有"……池北岸有石鱼，长三丈，广五尺，西岸有石鳖三枚，长六尺……"另有记载"……昆明池，三百二十五顷，池中有豫章台及石鲸鱼，长三丈……立石牵牛织女于池之东西，以象天河。"由此可见，以前的帝王宫苑中已有雕塑装饰。所用材料以石为主，亦有铜铸者，其形象丰富多彩，艺术水平、工艺技巧均已十分完美。除文字记载外，在我国古典园林中，至今尚保留着不少雕塑作品，这说明由汉、唐至明、清都沿袭了古代园林雕塑的题材、形象特色等。

此外，我国园林中的山石"特置"，往往以石之透、漏、瘦、皱取胜，如苏

州留园置石冠云峰（图 1-1-16）。其配置地点在园林中所起的点睛作用及艺术效果都与雕塑有着诸多共同点，只是它们以更为抽象的艺术形象供人欣赏。

图 1-1-16　苏州留园冠云峰
（孟宪民　摄）

（2）雕塑在国外园林中的运用

国外园林中运用雕塑十分普遍。古代希腊的雕塑艺术已有极高的艺术水平。古希腊的神像雕塑多装饰庙宇，常与建筑物结合，如凯旋门、方尖塔、柱廊等，充满明朗、和谐的生活气息。意大利的雕塑装饰园林始于欧洲文艺复兴时期。此时，雕塑在意大利台地园中已成为主要的组成部分，点缀在分隔台层的挡土墙上，或与水池、喷泉相结合，也有的位于花坛中，形成局部中心。

法国园林中也很重视雕塑装饰，除与水景结合外，还常常以修剪成壁龛、拱门、绿墙等形式的高篱为背景，配置白色大理石像，或置于丛林中的小广场和花坛的中心，或列于林荫路的两侧，配置形式极为丰富（图 1-1-17）。

图 1-1-17　法国凡尔赛宫苑中的人物雕塑

（3）雕塑在我国现代园林中的运用

近年来，随着我国园林事业的发展，园林景观中雕塑的运用也日益增多，以雕塑反映社会主义建设的各种题材日趋丰富。不同形象的雕塑反映不同的思想内容，适应不同性质的园林和园林中的不同景区，形成不同的气氛。我国当前园林中的雕塑，从题材及配置方式上大致有以下几种类型：

🍃 纪念性园林中的雕塑：在纪念性园林中，雕塑往往反映主题，设置于该园中心或某一局部，形成主景。长沙橘子洲头的青年毛泽东头像（图 1-1-18）、南京雨花台烈士公园的烈士群像、上海虹口公园鲁迅墓前的鲁迅像，在强调主题、形成主景方面都起到了

图 1-1-18　长沙橘子洲头主题雕塑

应有的作用。在这种情况下，雕塑的形象、尺度、色彩及位置都应处于主导地位，在最佳视距范围内，使雕塑成为画面的中心，而周围环境应陪衬雕塑，道路、广场、绿化等都应服从雕塑的构图要求。

🌿 园林中表现英雄人物的雕像：建于 20 世纪 70、80 年代园林的这一题材的雕塑较多，如杭州儿童公园《雷锋与红领巾》群像，上海动物园的《欧阳海》《草原英雄小姐妹》，上海长风公园的《炼钢工人》，杭州孤山的《海娃放羊》等，题材多样，形象丰富，设置地点也较灵活，可置于林荫道的尽头、儿童游乐场上、广场或草坪的一端。

🌿 以历史及古代神话传说中的人物为题材的雕塑：我国是一个历史悠久、富有文化艺术传统的国家，历史上值得后人纪念、尊敬的杰出人物很多，这也是爱国主义教育的内容之一。还有很多神话故事，反映人民群众热爱劳动，追求自由、真理和爱情的精神，其中不少人物脍炙人口，深受人们爱戴。这类题材能够激发人们的高尚道德情操，如南京莫愁湖公园的莫愁女，玄武湖中草药园的李时珍像等。沈阳世博园设置了一系列以中国神话传说为主题的雕塑，艺术形象十分生动（图 1-1-19）。

女娲补天　　　　　后羿射日　　　　　女娲造人

盘古开天地　　　　神农尝百草　　　　精卫填海

图 1-1-19　沈阳世博园中以中国神话传说为主题的雕塑（孟宪民 摄）

生动活泼的动物雕塑：在儿童公园及动物园中设置动物塑像十分受人欢迎。上海动物园的群鹿、杭州动物园的鹤群和大象、福州西湖的猴群，非常惹人喜爱。北京日坛公园水池边的一组天鹅、成都动物园水池中的鲤鱼等都是装饰效果很强的雕塑作品，它们已成为水池或其他建筑的组成部分之一，可以加强艺术效果，丰富园景。还有一些儿童游戏器械，往往装饰成动物形象，是雕塑与实用结合的产物。它们在园林中的应用也十分普遍，如大象滑梯、狗熊抬单杠等，形象都十分可爱。

水泥塑山及其他雕塑装饰小品：近年来，广东等地利用水泥塑石，除仿造真石堆叠假山、垒砌石岸、形成山石小品点缀于庭廊、小院外，还可做一些盆景式的水泥塑山石"特置"，其气势、皱纹十分逼真。在缺少山石的平原地区，用水泥塑石可以解决石源不足的困难，在造型上较真石更少约束，而且可以更好地发挥雕塑家的艺术构思，造价也较低廉。因此，水泥塑石是一种很有前途的雕塑类型。

4. 园林艺术与书法艺术的关系

中国书法艺术与古典园林艺术都具有浓郁的民族特色和文化精神，两者的文化内涵、表达形式相互渗透、相互融合，存在着内在的关联。书法讲究"形"和"意"结合，意在笔先，通过书写的内容、字体、布局来表达相应的风格和气势，这与园林艺术中通过运用自然元素的布局来表达意境，达到"虽由人作，宛自天开"的自然和谐美景，有异曲同工之妙。

书法，是古典园林艺术的要素之一，表现在题咏、题景、匾额、楹联、斗方、条屏、碑刻等具体形式中。在园林中，历代文人、骚客留下的墨宝真迹，不仅仅是一种装饰，更是对造园艺术在更高层次上的无形渗透，相互融合，是园林景观的"诗化""心灵化"。正如曹雪芹在《红楼梦》中所表达的："偌大景致，若干亭榭，无字标题，也觉寥落无趣，任有花柳山水，也断不能生色。"园林中的书法作品增加了园林艺术的文化特性，提升了园林艺术的审美层次。书法艺术在古典园林作品中的应用，如：拙政园"秋阴不散霜飞晚，留得残荷听雨声"的"留听阁"；虎丘"香云遍山起，花雨从天来"的"花雨亭"等，这些匾额、楹联、石条碑清晰明白地表明景致的特点，并提升了景致的意境和人文内涵。

古典园林因融入了书法艺术，从而丰富了园林艺术最具中国特色的文化现象。两者互为渗透、互为增色，既形成了视觉中心，又在意趣上加强了领域感和向心力，组成了一个个既有分隔又有联系的空间序列。书法与中国园林艺术都体现了中华文化精神的最高意境，具有浓郁的民族特色。

能力培养

一、分析我国古典园林中的文学艺术

园林景观可通过题名、诗歌、散文等文学形式进行表达，文学可以直接参与园林景观的形成，也可以对景点起到点景、拓景的作用。另一方面，园林又为文学的表达提供了独特的载体，两者结合，相辅相成，相得益彰，起到"文借景成，景借文传"的效果。

（1）成景

我国古典园林中的匾额、楹联，集诗词、书法、篆刻艺术于一身，是园林景观的重要组成部分。我国古典园林大多都是标题园，从内容上，许多园名都有典故和内涵。如明末清初散文家张岱的园名叫"不二斋"，园名取"斋"，说明园小，"不二"两字是指可以直接入道、不可言传的法门，表示主人皈依佛法。有的园林占地面积很小，名为"残粒园""一枝园""半枝园""勺园""壶中天地"等，均表示超脱功名利禄，无忧无虑。这些园名都是园林景观中不可缺少的部分，欣赏者要了解其含义，才能更好地欣赏园内景观。

园林里的楹联是随着骈文和律诗成熟起来的一种独立的文学形式，是我国特有的一种民族文学艺术形式。它由对偶、押韵的诗文发展而来，同时吸收词、曲、赋等长处，对仗工整，朗朗上口，有人把它誉为中国文化的名片。如苏州拙政园雪香云蔚亭南楹联"蝉噪林愈静，鸟鸣山更幽。"蝉噪的声音越闹，深林就越静谧；鸟鸣的声音越亮，山谷就越加清幽。又如回联"风风雨雨暖暖寒寒处处寻寻觅觅，莺莺燕燕花花叶叶卿卿暮暮朝朝"仿杭州西湖花神庙联，描写苏州网师园看松读画轩（图1-1-20）前四季变幻映衬着恋人们分分合合的心境，读来连绵回环，极富柔情。

另外楹联、匾额不仅文字隽永，而且书法美妙，篆刻精致。对联借书法展示流传，书法借对联传播流芳。两种艺术相辅相成，珠联璧合，浑然一体，相得益彰。

在中国古典园林中,各种书法如篆、隶、楷、行、草体等皆有。篆书有蚕头燕尾之美,楷书有端匀严静之美,行书有活泼流畅之美,草书有龙蛇飞舞之美。而这些都直接参与景观形成,给园林景观添姿增彩。

图 1-1-20　苏州网师园待月亭与看松读画轩

（2）点景

点景以凝练的词、字点出景点的环境特征、景观境界。主要包括两个方面内容：即突出整个园林或某一景点的主题和意境。在突出整个园林的主题和意境方面比较有名的如苏州的网师园和扬州的个园。网师园原本是扬州的一个文人史正志兴建的,在清朝乾隆年间,宋宗元买下它重建。宋宗元自号网师,而网师与渔夫、渔翁同义,有渔隐的意思,所以园内的山石布局和景点题名都含有浓郁的隐逸气息。个园位于扬州,是两淮商总黄应泰在寿芝园的基础上兴建的,黄应泰非常喜爱竹子,借着苏东坡"宁可食无肉,不可居无竹"的诗意,在园内种植了几万竿竹子。取名为"个园",一方面"个"字与竹叶的形状相似,另一方面,"个"字为"竹"字的一半,隐晦地点出"坚贞不屈的竹子只剩下一根了"。

点景还可突出某一景点的主题和意境。如承德避暑山庄的"卷阿胜境殿",它反映的是几千年来的忠君爱民思想。颐和园的"扬仁风"庭园,建筑呈扇形,有扬仁义之风的设计立意（图 1-1-21）。追求意境是中国文学艺术的特色之一,造园布景常以诗情画意为意境。如苏州耦园的双照楼,以杜甫诗"何

图 1-1-21　北京颐和园扬仁风庭园

日倚虚幌，双照泪痕干"为意境；爱吾庐，以陶潜诗"众鸟欣有托，吾亦爱吾庐"为意境；长沙岳麓山爱晚亭，以杜牧诗"停车坐爱枫林晚，霜叶红于二月花"为意境；北京陶然亭，以白居易诗"更待菊黄家酿熟，与君一醉一陶然"为意境。

（3）拓景

在园林有限的空间里，欲体现自然山水的大画面，往往要借助联想、想象来超越时间和空间。我国古典园林正是借诗词、散文、匾额来拓展这种意境的内涵与外延，使园林景观产生"象外之象，景外之景"的弦外之音。颐和园的谐趣园中有一联"西岭烟霞生袖底，东洲云海落樽前"，把虚无缥缈的西岭（北京西郊群山别称）烟霞和东洲云海纳入此景，扩大了空间，升华了景观的境界；山西潞城原起寺的"雾迷塔影烟迷寺，暮听钟声夜听潮"，写暮色中悠悠的钟声和入夜后隐约的潮声，萦绕于薄雾遮掩的寺塔周围，时隐时现，表现出一种悠远的意境；杭州灵隐寺韬光庵联"楼观沧海日，门对浙江潮"，把海日和江潮引入空间，加强了空间的辽阔感；扬州瘦西湖平山堂有对联"过江渚山到此堂下，太守之宴与众宾欢"，是欧阳修在此宴请宾客史实的真实写照，隐喻主人藐视朝廷、仕途挫折、逍遥取乐的封建士大夫思想，使园林景象和思想内容高度融合。

二、分析巴西景观设计师罗伯特·布雷·马克斯设计作品中的绘画艺术

巴西风景园林设计师罗伯特·布雷·马克斯（Roberto Burle Marx，1909—1994年）是20世纪杰出的艺术家和园林设计巨匠，他运用巴西当地植物材料与现代艺术语言，创造出了风格独特的园林作品，对现代园林的发展产生了深远影响。他的园林可以从以下几个方面来理解。

（1）绘画式平面与自由曲线

在描述他的绘画式平面园林作品之前，有必要先了解一下他的抽象画风。罗伯特·布雷·马克斯受立体主义、表现主义、超现实主义等现代艺术的影响，其画面多是抽象的块面、线条构成的图案（图1-1-22），作品抽象表达了自然和生命的活力。他将其画风运用于园林设计，给人耳目一新的感觉，如他设计的壁泉，黄、绿、蓝构成的几何图案衬托着灵动的水流，一股清爽之风扑面而来（图1-1-23）。布雷·马克斯曾说"我画我的园林"，他将绘画中的线条运用到园林中，自由流畅的曲线花床是最能体现布雷·马克斯绘画式平面的造园要素之一（图1-1-24）。花床界限清晰，

植物形成大块面的色彩、质感、体量、高低的对比，填充花床的材料还扩展到了一些硬质材料像卵石、河沙等。这种绘画式平面展现了整体美、抽象美和图案美，没有任何琐碎之感。有人称这种构图形式为"现代巴洛克"，但它和古典的巴洛克园林形式是不太相同的。这种曲线具有流动自由的特征，用紧凑密集的植物组成简洁图案，有点像抽象画，它不同于巴洛克园林中那烦琐的用黄杨等修剪的花纹图案。

图 1-1-22　罗伯特·布雷·马克斯的绘画

图 1-1-23　布雷·马克斯设计的壁泉

图 1-1-24　自由流畅的曲线花床

（2）地方植物的永恒魅力

巴西热带植物的应用使布雷·马克斯的园林具有浓郁的地方特色。巴西地处南美洲，属热带气候，亚马孙河从中穿过，植被丰富，世界上有 20% 的植物可以在这里生长。可是巴西的园林中却大量种植着从欧洲引来的品种，当地植物移植和养护成本低，却很少发挥作用。布雷·马克斯发现了当地植物的永恒价值并将其运用于园林中，创造了具有地方特色的植物景观。

在布雷·马克斯手下，野生植物登堂入室，构成主体园景，平常的植物变成了艺术品。旱生植物与大块石头配在一起，如同自然生长一般，园内的水池和相对水面不同高度的种植池提供了多种水生植物生长的环境，有时他将某些旱生植物种植在墙上做装饰，或用攀缘植物装点那些金属的横排或竖直构架。总之种植形式可以根据植物的适宜生态环境任意安置，多种多样。

布雷·马克斯常运用对比、统一、协调、韵律等艺术原理进行植物高低错落的搭配，强调植物叶形、质感、花色、体量的大面积对比，从而突出植物的观赏特性。所以布雷·马克斯运用植物从来不粗暴地将它们安置在不适宜生长的环境，乱糟糟地融为一团，而是使每种植物都保持着各自的特性。典型的当数那些流动花床的植物搭配，这些植物都是考虑其适生生境、四季形态和花色、体量精心选择的，将其设计成大的色块相互对比衬托，具有很强的感染力。布雷·马克斯认为艺术是相通的，无论是平面设计还是植物配置，都与艺术紧密相连。如在一些小尺度的花池种植设计中，几棵不同的濒水植物种在一起，显示出一种雕塑的美感，寥寥数笔却如此动人（图1-1-25）。

图1-1-25　小尺度的花池种植设计

（3）创新传统马赛克铺装

在园林硬质景观的处理中，布雷·马克斯经常使用的莫过于马赛克了。特色鲜明的马赛克铺装也是展现他设计风格的要素之一。马赛克的铺装和墙面部分演绎了巴西的传统文化。16世纪初巴西成为葡萄牙的殖民地，至今还保留着一些漂亮的葡萄牙式建筑。里约热内卢的一些高层建筑和市郊的许多老房子还是葡萄牙风格，瓷砖贴面装饰着院墙、商店和房子的入口，黑、白、棕色马赛克铺装的路面非常独特。布雷·马克斯的马赛克铺装色彩用的还是传统的黑、白、棕色，但图案是抽象的，极具艺术魅力。柯帕卡帕那海滨大道的铺装设计（图1-1-26）达到极致，抽象的线条图案隐喻了巴西特有的地形地貌，海边步行道的水波纹铺装无疑是与海浪相呼应。只有对自然有深刻领悟的人才能做出这样动人的作品，只有对艺术语言驾驭娴熟的人才能如此挥洒自如。此外，布雷·马克斯还创作了很多马赛克壁画。他用传统的材料表达了现代内容，延续了历史与文化，当然，布雷·马克斯也从来没有排斥过运用混凝土等现代建筑材料。

图1-1-26　传统的黑、白、棕色马赛克铺装

（4）水平面与垂直线的合奏

布雷·马克斯的绘画式平面园林常给人二维空间的错觉，但通过运用垂直线，扩大了深度感、增加了层次，使园林获得了适宜的空间感和尺度感，园林景观就

像是一幅幅水平面与垂直线组合的画面。如草坪上，他常常种植一些俏丽挺拔的棕榈科植物来界定空间（图 1-1-27），就是在敷土不够或不宜种植乔木的地方，都没有放弃对垂直要素的使用，他用植物装饰的金属立柱或其他柱体达到了同样效果（图 1-1-28）。

图 1-1-27 用草坪与棕榈科植物来构成
水平面与垂直线

图 1-1-28 水平面与垂直线的合奏

随堂练习

利用网络或图书馆查找美国最具影响力的园林设计师、景观设计师、"极简主义"设计代表人物彼得·沃克的作品，试分析其作品中园林艺术手法在景观设计中的应用。

任务 1.2　中外园林的特点

任务目标

知识目标： 1. 了解中国古典园林发展简史。

2. 掌握中国古典园林的类型及艺术特点。

3. 了解日本古典园林和欧洲（意大利、法国、英国）古典园林的特色。

4. 了解现代园林的发展趋势和特征。

5. 了解美国园林的早期发展情况和美国现代园林的设计风格。

技能目标： 1. 能够识别中国古典园林的主要特征。

2. 能够识别欧洲园林的主要特征。

知识学习

一、中国古典园林

中国园林的历史悠久，大约从公元前 11 世纪的奴隶社会后期直到 20 世纪初封建社会解体为止，在三千余年漫长的、不间断的发展过程中形成了世界上独树一帜的风景式园林体系。

1. 中国古典园林的类型

按照园林的隶属关系分类，中国古典园林主要类型有三种：皇家园林、私家园林、寺观园林。

皇家园林属于皇帝个人和皇室私有，古籍里称之为苑、苑囿、宫苑、御苑、御园等。魏晋南北朝以后，随着宫廷园居生活的日益丰富多样，皇家园林按其不同的使用情况又有大内御苑、行宫御苑、离宫御苑之分。大内御苑建置在首都的宫城和皇城之内，紧邻皇居，便于皇帝日常游憩；行宫御苑和离宫御苑建置在都城近郊、远郊风景优美的地方，或者远离都城的风景地带，前者供皇帝偶尔游憩之用，后者则作为皇帝长期居住、处理朝政的地方，相当于与大内联系的政治中心。此外，在皇帝出巡外地暂时休息地方，也视其驻跸时间的长短而建置离宫御苑或行宫御苑。

　　皇家园林有其自身的建造特点：皇家园林尽管是模拟山水风景的，也是在不悖于风景式造景原则的情况下尽显皇家气派；同时，又不断地从民间园林中汲取造园艺术养分，以丰富皇家园林的内容，提高宫廷造园的水平；再者，皇帝能够利用其政治上的特权和经济上的财力，占据大片地段、调用更多人工，因此，皇家园林无论人工山水园还是天然山水园，规模之大远非私家园林所能比拟。皇家园林的代表作品有河北承德的避暑山庄（图 1-2-1）、北京的颐和园（图 1-2-2）。

图 1-2-1　承德避暑山庄

图 1-2-2　北京颐和园

　　私家园林属于民间的贵族、官僚、缙绅所私有。民间的私家园林是相对于皇家的宫廷园林而言的，在内容或形式方面都表现出许多不同于皇家园林之处。代表作品有无锡的寄畅园，苏州的留园、拙政园等。

寺观园林即佛寺和道观的附属园林，也包括寺观内部庭院和外围地段的园林化环境。寺观既建置独立的小园林，如宅园的模式，也很讲究内部庭院的绿化，多有以栽培名贵花木而闻名于世的。郊野的寺观大多修建在风景优美地带，周围不许伐木采薪，因而古木参天、绿树成荫，再配以小桥流水或少许亭榭的点缀，又形成寺观外围的园林化环境。千百年来，正因为这类寺观中的园林及其内外环境的雅致幽静，而成为古典园林的一个类别——寺观园林。历来的文人名士都喜欢借住其中读书养性，帝王以之作为驻跸行宫的情况亦屡见不鲜。

2. 中国古典园林发展简史

中国古典园林漫长的演进过程，正好相当于以汉民族为主体的封建帝国从开始形成而转化为全盛、成熟直到消亡的过程，它的发展表现为极缓慢的、持续不断的演进过程。根据这个情况，把中国古典园林的发展历史分为五个时期：

（1）生成期：殷、周、秦、汉

此期是中国古典园林产生和生长的幼年期，以规模宏大的贵族宫苑和气魄雄伟的皇家宫廷园林为主流。

（2）转折期：魏、晋、南北朝

佛教、道教流行，使得寺观园林兴盛，形成造园从生成到全盛的转折，初步确立了中国园林的美学思想，奠定了山水式园林的基础。

（3）全盛期：隋、唐

中央集权逐渐健全完善，在思想基础上形成以儒家为主导，儒、释、道互补共尊的体系。从这个时代，能够看到中国传统文化旺盛的生命力，园林的发展也相应进入盛年期，中国古典园林所具有的风格特征基本形成。

（4）成熟时期：两宋到清初

城市商业经济空前繁荣，市民文化兴起，为传统文化注入了新鲜血液，封建文化转化为在日益缩小的精致境界中实现从总体到细节的自我完善。相应地，园林的发展亦由全盛期升华为富于创造进取精神的成熟时期。

（5）成熟后期：清中叶到清末

随着各朝代的更替，园林的发展，一方面继承前一时期的成熟传统而更趋于精致，另一方面丧失前一时期的积极创新精神，暴露出某些衰退倾向。

清末民初，封建社会完全解体、历史发展急剧变化、西方文化大量涌入，中国园林的发展亦相应地产生了根本性的变化，结束了它的古典时期。

3．中国古典园林的艺术特点

（1）源于自然，高于自然

自然风景以山、水为地貌基础，以植被作装点，山、水、植物是构成自然风景的基本要素，也是园林的构景要素。但中国古典园林绝非简单地模仿构景要素的原始状态，而是有意识地加以改造、调整、加工、剪裁，表现出精练概括、典型化的自然景观。这个特点在中国古典园林的筑山、理水、植物配置方面表现得尤为突出。

🍃筑山：即堆筑假山，包括土山、土石山、石山。园林内使用天然石块堆筑为石山的特殊技艺叫叠山，江南地区称为掇山。南北各地现存的许多优秀叠山作品，一般最高不过八九米，无论模拟真山的全貌还是截取真山的一角，都能以小尺度创造峰、峦、岫、洞、谷、悬岩、峭壁等形象（图1-2-3）。园林假山都是真山的形象化、典型化的缩移，能在很小的地段上展现咫尺山林的局面、幻化千岩万壑的气势。使用石块作为筑山材料的风气，到后期尤为盛行，几乎是"无园不石"。此外，还有选择整块的天然石材陈设在室外作为观赏对象的做法，叫置石，又称"峰石"。用作置石的单块石材不仅具有优美奇特的造型，而且能够引起人们对大山、高峰的联想，即所谓"一拳则太华千寻"。

🍃理水：必须做到"虽由人作，宛自天开"，哪怕再小的水面也要曲折有致，并利用山石点缀岸、矶，有的还特意做出一弯港汊、水口，以显示源流脉脉、疏水若为无尽（图1-2-4）。稍大一些的水面，则必堆筑岛、堤，架设桥梁。园林内

图1-2-3　苏州环秀山庄的假山

开凿各种水体，是对自然界的河、湖、溪、涧、泉、瀑等的艺术概括，在有限的空间内尽量仿照天然水景，这就是"一勺则江湖万里"之立意。

🌿 植物配置：园林以树木为主调，栽植树木不讲求成行成列，往往以三株五株、虬枝枯干而给人蓊郁之感，追求运用少量树木的艺术概括而表现天然植被的气象万千（图1-2-5）。此外，观赏树木和花卉还按其形、色、香而"拟人化"，赋予不同的性格和品德，在园林造景中显示其象征性的寓意。

图1-2-4 苏州网师园的水面　　图1-2-5 苏州狮子林中植物与建筑相得益彰

总之，"源于自然、高于自然"是中国古典园林创作的主旨，目的在于求得一个概括、精练、典型而又不失其自然的山水环境。

（2）融合建筑美与自然美

中国古典园林中，建筑无论多寡，也无论其性质、功能如何，都力求将山、水、植物这三个造园要素有机地组织在一系列风景画面之中，达到人工与自然高度协调的境界。我国传统木结构建筑为此提供了优越条件。因为木结构建筑的内墙外墙可有可无，空间可虚可实、可隔可透，运用于园林中，可利用建筑内部与外部空间通透、流动的可能性，把建筑物的小空间与自然界的大空间沟通起来，做到《园冶》中所述"轩楹高爽，窗户虚邻，纳千顷之汪洋，收四时之烂漫"。

优秀的园林作品，即使建筑比较密集也不会让人感觉到囿于建筑空间之内，虽然处处有建筑，却处处洋溢着大自然的盎然生机。这种和谐，在一定程度上反映了中国传统的"天人合一"的哲学思想。

（3）富于诗画情趣

文学是时间的艺术，绘画是空间的艺术。园林的景物既需"静观"，也要"动观"，即在游玩、行进中领略观赏，故园林是一门综合艺术。中国古典园林的创作充分把握这一时空美的特性，熔铸诗画艺术于园林建造中，使园林从总体到局部都包含着浓郁的"诗情画意"，形成"以画入园、因画成景"的传统，使中国古典园林成为可游、可居的立体图画。

（4）意境寓情于景

意境产生于艺术创作中情景的结合，即创作者把自己的感情、理念熔铸于客观生活、景物之中，从而引发鉴赏者类似的情感激动和理念联想。

游人获得园林意境的信息，不仅通过视觉的感受或文字的感受，还通过听觉、嗅觉来感受，如丹桂飘香、雨打芭蕉、柳浪松涛、流水叮咚等。正由于园林内的意境内涵如此深广，中国古典园林所达到的情景交融的境界，也就远非其他种类园林能企及了。

二、外国古典园林

世界园林主要有东方和西方两大系统。东方园林以中国园林为代表，影响日本、朝鲜及东南亚；西方园林古代以意大利、法国、英国及俄罗斯为代表；此外还有叙利亚、伊拉克园林和古埃及、古印度园林。这些古典园林对当今各国园林艺术风格的形成有着较大的影响，同时由于各国文化、背景、发展速度等因素的不同，导致各国园林在长期的演变和建设中形成了各自的特色。以下选择日本古典园林和欧洲古典园林作一简介。

1. 日本古典园林

日本古典园林受中国古代文化的影响较大，其园林艺术风格取自我国唐代，创造了具有日本特色的人与自然相结合的园林。

日本园林在镰仓时代（13世纪）已开始形成独立的回游式园林风格。其主要特色是把园林风景作为眺望对象，纳入设计要求，其中有供游人进入游玩的园路。园中水体面积较大，配以各种优美的树木，景随路转，富有曲折多变的效果。室町时代（14世纪），园林的组石技巧高度发展，桥梁、筑山、平庭、道路都得到了充分应用，在主要位置上，特别是水边，用殿阁来统一格调，以自然石为主，配置常绿树。桃山时代（16世纪）兴起了茶庭的构造特色，在园林材料上力求天然美，努力保持原始形态和质感，园中植物材料丰富，用常绿树表现自然的粗犷气氛，具有自然幽寂之感（图1-2-6）。江户时代（17世纪）形成了缩影式的园林艺术特色。一般在园林中心设立水池，水中立有小岛，再用小桥把岛陆相连。池的背后建有假山和瀑布，理水弯曲成河，并点缀石灯笼和洗手钵等，古建筑在主要地位错落组合。明治时代（19世纪）后，在西方文化的影响下，日本出现了很多大面积的国家公园，写意手法被大量运用到日本庭院园林当中，如表现神和仙人居住的蓬莱山石组造型、漂浮在海中的孤岛和岩岛造型，用模拟的手法表现的海岸沙洲和多石的海滩、深山幽谷中轰鸣的飞瀑，以及表现吉祥的鹤岛、龟岛等。

"枯山水"是日本园林独有的构成要素，最早见于平安时代的造园专著《作庭记》，不过这时所言的枯山水并非现在通常所指的那种以砂代水、以石代岛的枯山水，而仅仅指无水之庭，但已经具有了后世枯山水的雏形，开始通过置于空地的石块来表达山岛之意象。真正的枯山水起源于镰仓时代，并在室町时代达到了极致，著名的京都龙安寺庭园就诞生于室町时代。日本人好做枯山水，无论大园小园，古园今园，动观坐观，到处可见枯山水的实例，所以枯山水堪称日本古典园林的精华与代表（图1-2-7）。

图1-2-6　日本茶庭园林景观　　　图1-2-7　日本园林独有的枯山水景观

2. 欧洲古典园林

（1）意大利

意大利是古罗马帝国的中心，具有悠久的文化艺术，数百年前的园林古迹至今保存完好，是世界上著名的园林古国之一。意大利园林在继承古罗马传统的同时又注入了新的人文主义，形成了风格独特的园林形式——台地园（图1-2-8）。

文艺复兴时期，意大利的佛罗伦萨、罗马、威尼斯等地建造了许多别墅园林，以别墅园林为主体，利用意大利的丘陵地形，开辟成整齐的台地。园林中轴线突出，采用几何对称式平面布局形式，通过逐步减弱规则式风格的手法，达到布局整齐的园地和周围自然风景环境的过渡。逐层配置灌木，并把它修剪成图案形种植坛，而很少用色彩鲜艳的花卉，多采用树墙、绿篱等。园路非常注意遮阳。顺山势运用各种理水方法，如跌水、壁泉、瀑布、喷泉等，雕塑成为水池或喷泉的中心（图1-2-9 和图1-2-10）。建筑上，多用曲线和曲面，多雕刻、装饰，讲究细部形态设计，如台阶、栏杆、水盘等。总之，意大利的台地园在地形整理、植物修剪艺术和手法技术方面都有很高成就。

（2）法国

法国继承和发展了意大利的造园艺术，1638年，法国布阿依索写成西方最早的园林专著《论造园艺术》，他认为"如果不加以条理化和安排整齐，那么人们所能找到的最完美的东西都是有缺陷的"。17世纪下半叶，法国造园家勒诺特尔

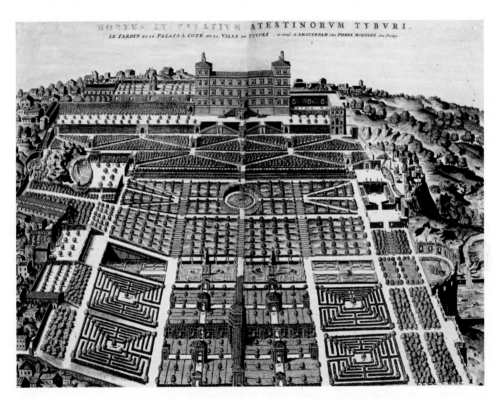

图1-2-8 典型的意大利台地园——埃斯特庄园早期效果图

图1-2-9 埃斯特庄园的动态水景

图1-2-10 埃斯特庄园的水池与喷泉

提出要"强迫自然接受匀称的法则"。他的典范之作，就是亲自主持设计的凡尔赛宫苑。根据法国地形平坦的特点，创造了宏伟华丽、精致开朗的平面图案式园林艺术风格。这种园林的特点是：总体布局上平面展开，利用宽阔笔直的园路构成贯通的透视景，植物配置上重视花坛设计，用花卉构成多样的图案花坛；将林木修剪成几何形态，或组成树篱、树墙，可充当建筑用；运用水池河流及喷泉等形式，水边有植物、建筑雕塑等。各种要素均严格按对称匀齐的几何图形格式布局（图1-2-11）。勒诺特尔园林建造风格在18世纪风靡全欧洲，乃至世界各地。

图1-2-11　法国规则式园林

（3）英国

18世纪欧洲文学艺术领域中兴起了浪漫主义思潮，在这种思潮影响下，英国开始欣赏纯自然之美，追求田野情趣。当时英国著名造园家威廉·康伯吸取了中国风景式造园艺术手法，在英国皇家植物园中造了中国式园林，一时流传全英国。园林中不再强调轴线对称，而是把道路由规则式的直线改为自然圆滑的曲线，树列、修剪成形的绿篱等改为自然式种植，树种强调丰富多样，使植物要素成为园林中的主要景观。在弯曲的小河上建造拱桥，配以枯木，或从旁建一宝塔，使之呈现优雅的自然景色；主要建筑物旁的绿地布置采用规则式，花坛色彩常年保持鲜艳颜色，成片的草坪绿荫如毡；建筑的远处绿地采用自然式布置，逐渐与大自然调和，以利远眺自然风光。此外英国造园家还善于利用地貌特点及温湿气候所带来的多种植物，营造出某一风景甚至以某一种植物为主体的专类园，这一园林特色在欧洲影响极大，从而开创了欧洲自然式风景园林，把东方风景式园林艺术向前推进了一步（图1-2-12，图1-2-13）。

图1-2-12 英国风景园林最典型的景观　　图1-2-13 英国风景园林中的草地与树丛

三、现代园林

现代园林的发展趋势是与生态保护相结合的，强调引入自然、回到自然，充分利用空间，把地面失去的绿色空间从各种空间得到补偿。

现代园林的研究及理论建设，综合了生态学、美学、建筑学、心理学、社会学、行为科学等诸多学科，共同发展。城市绿地系统建设是园林发展的前提，而园林的发展则是对城市绿地系统的实现和进一步完善。

1. 现代园林的主要趋势

（1）人性化设计

由于环境心理学和行为心理学的研究受到广泛关注，现代园林设计中更重视人性化的园林空间塑造。园林环境是否为使用者认可及使用率的高低，成为评价园林设计是否成功的主要标志。

（2）多样化设计

现代园林在发展过程中受到建筑思想、当代艺术及相近设计专业发展的影响，园林设计人员也呈现多元化，这些因素带来园林设计风格的多样性。新材料和新技术的运用更是为园林设计注入了新鲜的创作元素。园林所处大环境的差异也是园林创作中需考虑的重要元素，不同环境条件下的园林有着不一样的特质。

（3）文化表达

现代园林除了要满足人们的多种使用功能以外，还承载着表现地域文化的职责。隐喻和象征是重要的文化表达方式。设计中应当挖掘场地的特质，充分把握场地的历史文化内涵，采取恰当的方式营造园林景观，激发人们对于园林环境的更深理解。

2. 美国现代园林

美国的历史虽然不长，美国园林的发展也只有 200 多年的历史，但美国园林在世界园林体系中却占有重要的地位。真正意义上最早的现代园林就出现在美国，此后美国园林在世界园林中独领风骚。从某种意义上讲，美国园林的发展指引着世界现代园林的发展方向。

（1）美国园林的早期发展

🍃 "美国公园之父"的诞生：19 世纪前期，一位园林设计巨星——唐宁的诞生（Andrew Jackson Downing，1815—1852），让世界开始关注美国园林。唐宁集园艺师、建筑师于一身，写了许多有关园林的著作，其中最为著名的是 1841 年出版的《园林的理论与实践概要》。他生活在美国历史上城镇人口增长最快的时期，认识到了城市开放空间的必要性，并倡议在美国建立公园。1850 年，唐宁去英国访问，英国自然风景式园林给唐宁以深刻启示，同年，他负责规划华盛顿公园，这是美国历史上首座大型公园，建成后成为全美各地效仿的典范，唐宁也因此获得了"美国公园之父"的称号（图 1-2-14）。唐宁着迷于美国田园风光和乡村景色，因此设计上强调自然，主张给树木以充足的空间，充分发挥单株树的景观效果，表现其美丽的树姿及轮廓。

图 1-2-14　美国华盛顿公园景观

🍃 "现代风景园林之父"的诞生：美国继承和发展了唐宁思想的是另一位杰出人物——奥姆斯特德（1822—1903），被誉为"现代风景园林之父"。1854 年奥姆斯特德与英国人沃克斯合作，以"绿草地"为主题，赢得了纽约中央公园设计方案大奖，后来奥姆斯特德出任该公园的首席设计师，负责公园的建设。作为"现代风景园林之父"的奥姆斯特德，不仅开创了将现代景观设计作为美国文化重要组成部分的先河，更重要的是他把景观设计发展成为一门现代的综合学科，并且最终得到社会的认可。

🍃 城市公园和城市绿地系统规划的兴起：在奥姆斯特德等人的积极倡导并亲身实践下，美国城市公园得到迅速发展，各大城市的公园星罗棋布，城市公园将服务对象扩大到全社会，使其成为真正意义上的大众园林，为城市文明开创了新纪元。奥姆斯特德最为杰出的代表作品，纽约中央公园（Central Park）（图1-2-15，图1-2-16）位于纽约城曼哈顿岛的中心地区，跨51×3个街区，面积约340 hm²，是纽约城内的重要绿地，园内的活动项目众多，从平时的垒球比赛，到公园节庆活动举办的莎士比亚音乐会，应有尽有，为居住在楼群中的城市居民提供了亲近自然的社交活动场所，极大地提高了城市居民的生活品质。

图 1-2-15　美国纽约中央公园鸟瞰图　　　图 1-2-16　美国纽约中央公园的绿草地

不仅是城市公园的建设，现代意义上的城市园林绿地系统规划也始创于美国。在对城市广场、滨水地带、公共建筑周围、居民建筑周围、学校及工厂等公共场所的绿化建设方面，美国也处于领先地位。这方面的代表作品是奥姆斯特德主持的"绿色宝石项链"的规划设计：宝石是蓝色的水，项链是绿色的树。从1881年开始，奥姆斯特德在波士顿公园设计中，把公园和城市绿地纳入一个体系进行系统设计，在城市滨河地带形成2 000多公顷的一系列绿色空间。从富兰克林公园到波士顿公园再到牙买加绿带，蜿蜒的绿色项链围绕城市，连通到查尔斯河，构成了以"宝石项链"闻名遐迩的城市绿色走廊，不但美化了城市空间景观，更有效地推动了城市生态的良性发展。

🍃 国家公园的建立：美国是世界上最早建立国家公园的国家。所谓国家公园，是对于那些尚未遭到人类重大干扰的特殊自然景观，天然动植物群落，有特色的地质、地貌加以保护，以维护这些地区原有面貌而建立的国家级公园。国家公园要求在严格执行保护宗旨的前提下向游人开放，为人们提供亲近大自然的环境。1872年美国国会将怀俄明州200万英亩的土地划定为黄石国家公园（图1-2-17），标志着全世界第一个国家公园的建立。

　　黄石国家公园（Yellowstone National Park）海拔 2 134～2 438m，面积 898 317 hm²。黄石河、黄石湖纵贯其中，有温泉、瀑布、峡谷（图 1-2-18、图 1-2-19）以及间歇喷泉等，景色秀丽，引人入胜。其中尤以每小时喷水一次的"老实泉"最著名（图 1-2-20）。园内森林茂密，还放养了一些残存的野生动物如美洲野牛等，供人观赏。园内设有历史古迹博物馆。黄石国家公园是 1978 年最早进入《世界遗产名录》的项目。

图 1-2-17　美国黄石国家公园

图 1-2-18　黄石国家公园的温泉

图 1-2-19　黄石国家公园的瀑布

图 1-2-20　黄石国家公园"老实泉"喷发

（2）美国现代园林设计

　　美国现代园林的发展深受西方的现代主义和后现代主义的影响，设计师们把艺术与园林完美地结合，功能与景观有机地融合，同时考虑到环境生态效益，使美国现代园林设计日益走向成熟和多样化。

　　🌢 "哈佛革命"：20 世纪初西方新艺术运动及其引发的现代主义思潮对美国园林的影响是巨大的，但真正推动美国园林现代主义运动步伐的是 20 世纪 30 年代的"哈佛革命"。革命者爱克勃、凯利和罗斯等人强调了人的需要、自然环境条件及两者结合的重要性，提出了功能主义的设计理论，为迷茫中的园林设计风格指出了方向，为现代主义设计风格打下了一定的理论基础。

　　● 后现代主义：20 世纪 60、70 年代以来的后现代主义，与 20 世纪前半叶现代主义设计只注重满足功能与形式语言相比，其设计更加注重园林对人的意义或场所所表达的精神的追求。这里介绍后现代主义的代表人物之一，美国现代著名园林设计师劳伦斯·哈普林（Lawrence Halprin）的代表作品和主要思想。

　　劳伦斯·哈普林认为园林设计者应从自然环境中获取整个创作灵感，其设计特点是重视景观的自然性和乡土性。在开始设计项目之前，哈普林首先要查看区域环境，并试图理解形成这片区域的自然过程，然后再通过设计强化这些景观特征。

　　哈普林最为成功的作品是 20 世纪 60 年代为波特兰市设计的一组广场和绿地。三个广场和绿地由一系列已建成的林荫道来连接，这个系列的第一站是爱悦广场（Lovejoy Plaza）（图 1-2-21），从广场名称就能看出，这是为鼓励公众参与而设计的一个活泼而令人振奋的中心：广场的喷泉吸引着人们将自己淋湿，参与其中；喷泉周围是不规则的折线台地和屋顶（图 1-2-22，图 1-2-23，图 1-2-24）。第二站柏蒂格罗夫公园（Pettygrove Park）则设计成安静而青葱的多树荫地区，

图 1-2-21　爱悦广场平面图

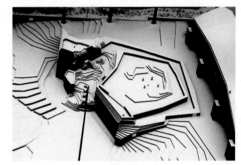

图 1-2-22　雪中的爱悦广场，不规则
折线的台地结构尽揽无遗

图 1-2-23　不规则台地是自然地形等
高线的简化

图 1-2-24　休息廊上形式自由的屋顶
取材于落基山的山脊线

一条条蜿蜒的曲线道路分割出一个个起伏的小丘，路边不时出现的座椅透出安宁休闲的气氛。第三站伊拉·凯勒水景广场就是波特兰市大会堂前的喷泉广场（Auditorium Forecourt Plaza）（即"演讲堂前广场"），是这组系列的"亮点"：水景广场的平面近似方形，四周为道路环绕，正面向南偏东，对着第三大街对面的市政厅大楼，除了南侧外，其余三面均有绿地和浓郁的树木环绕。水景广场分为源头广场、跌水瀑布和大水池及中央平台三个部分（图1-2-25），最北、最高的源头广场为平坦、简洁的铺地和水景的源头，铺地标高基本和道路相同。水通过曲折、渐宽的水道流向广场的跌水和大瀑布部分，跌水为折线形、错落排列，水瀑层层跌落，颇得自然之理（图1-2-26），经层层跌水后，流水最终形成十分壮观的大瀑布倾泻而下，落入大水池中（图1-2-27），而广场的大瀑布就是整个序列的结束。哈普林依据对自然的体验来进行设计，将人工的自然要素插入环境，而不是对自然简单的抄袭，这也是优秀园林的本质。

🍃生态主义园林：生态主义崇尚以自然为中心，秉承可持续发展思想，保护生物多样性。景观的内涵不局限于创设美丽的风景，而是营造多层次的、人与环境和谐相处的生活空间。英国著名园林设计师、美国宾夕法尼亚大学研究生院风景园林设计及区域规划系创始人伊恩·麦克哈格（Ian Lennox McHarg，1921—2001年）、德国著名景观设计师彼得·拉兹（Peter Latz，1939年至今）及其作品是生态主义的代表。

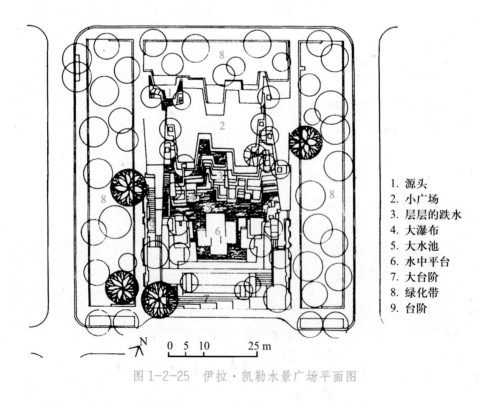

1. 源头
2. 小广场
3. 层层的跌水
4. 大瀑布
5. 大水池
6. 水中平台
7. 大台阶
8. 绿化带
9. 台阶

N
0　5　10　　　　25 m

图1-2-25　伊拉·凯勒水景广场平面图

图 1-2-26　喷泉的水流轨迹源自加
　　　　　州席尔拉山的山间溪流

图 1-2-27　极具创意的伊拉·凯勒水景广
　　　　　场景观

　　📍极简主义园林：极简主义是 20 世纪 60 年代后兴起的，又称最低限度艺术。最初，它主要通过一些绘画和雕塑作品得以表现。很快，极简主义艺术就被美国著名景观设计师彼得·沃克（Peter Walker，1932 年至今）、玛莎·施瓦茨（Martha Schwartz，1950 年至今，沃克的妻子）等运用到他们的设计作品中去，并在当时社会引起了很大的反响和争议。如今，随着时间的推移，极简主义园林已经日益为人们了解和认可。彼得·沃克是当今美国最具影响的园林设计师之一，由于他的作品带有强烈的极简主义色彩，所以被认为是极简主义园林的代表。

　　彼得·沃克在 20 世纪 80 年代后尝试着将自己喜爱的极简艺术运用到园林设计中，哈佛大学校园内的唐纳喷泉（图 1-2-28、图 1-2-29），是其代表作品之一：它位于一个交叉路口，是一个由 159 块巨石组成的圆形石阵，石头创建一个直径

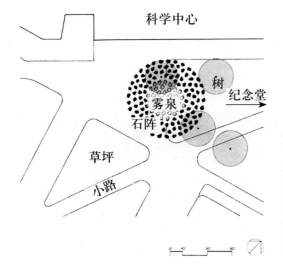

图 1-2-28　唐纳喷泉平面图

图 1-2-29　典型的极简主义园林作
　　　　　品——唐纳喷泉

60 英尺的同心圆。所有石块都镶嵌于草地之中，呈不规则排列状。石阵的中央是一座雾喷泉，32 个喷嘴位于圆圈的中心（图 1-2-30），喷出的水雾弥漫在石头上，喷泉会随着季节和时间而变化，到了冬天则由集中供热系统提供蒸汽，人们在经过或者穿越石阵时，会有强烈的神秘感。唐纳喷泉充分展示了沃克对于极简主义手法运用的纯熟。圆形石阵源自他对英国远古巨石柱阵的研究，同时质朴的巨石与周围古典建筑风格完全协调，而圆形的布置方式则暗示着石阵与周围环境的联系。与其原型——安德鲁的雕塑作品"石之原野"比起来，这件作品从内

图 1-2-30　唐纳喷泉石阵中央的雾喷泉

容和功能上都已经超越，唐纳喷泉也因此被看作是沃克的一件典型的极简主义园林作品。

彼得·沃克作为一位著名的园林设计师，数十年来设计了无数佳作，他因此也获得了包括美国景色美化设计师协会（ASLA）设计奖在内的许多重要奖项。此外，他还出版《极简主义庭园》和《看不见的花园》两本书来详细阐述自己的设计思想。

玛莎·施瓦茨也是当代美国著名的景观设计师，在公共艺术领域开拓了风景园林的另一片新天地。她善于使用特别材料，以怪诞的表达方式进行设计。施瓦茨认为，园林是一个与其他视觉艺术相关的艺术形式，景观作为文化的人工制品，应该用现代材料建造，并反映现代社会的需要和价值（图 1-2-31）。

综上所述，美国现代园林的发展是百花齐放，现代主义艺术对美国现代园林的贡献巨大。它不仅从前行的方向上给予指引，更从思考的切入点上为园林的现

图 1-2-31　玛莎·施瓦茨作品——纽约亚克博·亚维茨广场

代化提供了极具参考价值的艺术摹本，为园林设计开辟了新的道路，使其真正摆脱了传统的束缚，形成了简洁明快的风格，逐步凝结成了融功能、空间组织和形式创新为一体的现代设计风格。

能力培养

以颐和园和凡尔赛宫园林为例，比较东西方古典园林的异同点

1. 颐和园造园艺术分析

颐和园原名清漪园，位于北京城西北郊，占地290 hm²，以昆明湖为主的水面占全园总面积的3/4，以万寿山为主的陆地占全园总面积的1/4。颐和园博采各地造园手法，既有北方山川的雄浑宏阔，又有江南水乡的清丽婉约，并有帝王宫室的富丽堂皇和民间宅居的精巧别致，集历代皇家园林之大成，成就了这座中国最著名的古典园林（图1-2-32）。

（1）规模宏大，建筑富丽堂皇

颐和园囊括了整个万寿山、昆明湖，拥有3 000余间的宫殿园林建筑，可见其规模之"巨"（图1-2-33）。北方宫苑之"丽"，集中体现在建筑物外观的色相、装饰以及内部的敷彩、陈设上，给人一种金辉交映、雕龙画凤、富丽堂皇之感。颐和园的主要建筑群堪称富丽美的典范之作。例如沿湖长廊，长700多米，共273间，碧柱朱栏，绚丽夺目，宛如一道彩虹（图1-2-34）。长廊梁、枋上共绘有8 000多幅山水人物、花鸟苏式彩画，体现了皇家的气派，是北方宫苑中少见的宏构。

（2）模山范水的自然式布局

颐和园中布置了许多景点,每处景色都不相同。这些景点,用楼、台、亭、阁、斋、堂、轩、馆以及游廊等建筑物和假山花木等组合而成（图1-2-35），类似自然的布局。

颐和园主体万寿山，是在瓮山的基础上依人力加工而成的，主体水系昆明湖仿杭州西湖，突出了天然山水园的特色。

颐和园水体景观的最大特色在于那些大大小小的桥，这些桥极大地丰富了水体景观。十七孔桥犹如长虹卧波；玉带桥倒映入水，桥和倒影一虚一实，又使人萌生"一道长虹上下圆"的烂漫遐想（图1-2-36）。还有荇桥、镜桥等梁式桥，

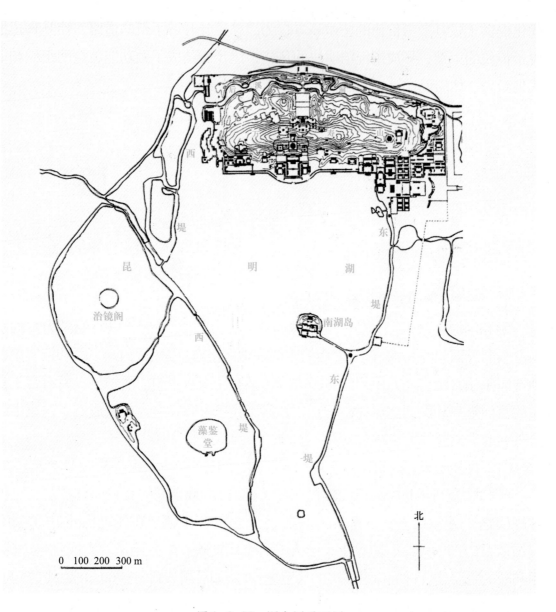

图 1-2-32　颐和园平面图

图 1-2-33　颐和园万寿山建筑群

图 1-2-34　颐和园湖山之间的长廊

图 1-2-35 颐和园画中游在花木的掩　　　　图 1-2-36 颐和园西堤玉带桥
　　　　　映下

由于桥的体量较大，桥身高而平坦，上面均建有亭榭，是凭空凌波欣赏水体景观的最佳处所。

（3）以佛香阁为主体的主景式园林

在颐和园，主体建筑佛香阁具有统驭全园的作用。万寿山前山是主景区，而佛香阁又是其中的主体建筑，它对于改变万寿山乃至全园的面貌起着不可估量的决定性作用。耸立在山腰中部高台上的佛香阁，体型魁伟，高达 40 m，为四重檐琉璃瓦八角攒尖顶的高层建筑，气宇轩昂，凌驾于一切景物之上，雄视着万寿山和昆明湖，显示出"据一园之形胜"的雍容宏大气度（图 1-2-37）。在这个主景区里，从万寿山南坡顶到昆明湖畔，建筑组群中的每一个体建筑都拱向佛香阁这一主体。例如沿湖呈直线形的彩画长廊经"云辉玉宇"牌坊处呈现出弧形，显示了其拱向主体的趋势。以此牌坊作为起点的中轴线上，佛香阁居中心，前有排云殿、德辉殿，后有众香界、智慧海，东有转轮藏，西有无方阁，这些都在佛香阁的宏观控制之内。佛香阁中有副对联：暮霭朝岚常自写，侧峰横岭尽来参。一个"参"字体现了佛香阁的主体地位和周围建筑、山水、花木向其朝拜的特点。

（4）"园中有园"造园手法的运用

颐和园除了宫殿区外，还划分了以南湖岛为中心的昆明湖大景区、万寿山前山大景区和后山大景区。而介于山水间的长廊有着分隔空间、界定景区的良好功能，它把坦荡的湖和高耸的山这两

图 1-2-37 雍容宏大的佛香阁

大景区，极富对比性地分隔开来。

在颐和园万寿山东麓，原来有一处地势较低、聚水成池的地方，造园工匠就利用这一地形，仿江南园林布置了一处自成格局的小园"谐趣园"（图1-2-38）。当人们从万寿山东麓的密集宫殿区或是从后山的弯曲山路来到这里的时候，进入园门，好像又来到一处新的园林中，建筑气氛、风景面貌给人焕然一新的感觉。这种"园中有园"的设计布局增加了园林的变化，丰富了园林的内容。这一手法也是我国古典园林的一个突出特点。

图1-2-38　颐和园的园中园——谐趣园

2．凡尔赛宫苑造园艺术分析

凡尔赛宫是欧洲最大的王宫，为古典主义风格建筑，建筑左右对称，造型轮廓整齐、庄重雄伟，被称为理性美的代表。凡尔赛宫花园是法式园林的代表作，也是西方造园艺术的典型代表，它主要体现在造园面积大、花园主轴线强调视觉效果，具几何对称之美，植物造景及瀑布和喷泉的应用几个方面极富西方艺术特色（图1-2-39）。园林位于凡尔赛宫西侧，占地67万 m²，纵轴长3 km，园内有600多个水池，园内道路、树木、水池、亭台、花圃、喷泉等均呈严整对称的几何图形，有统一的主轴、次轴、对景，园林布局整齐划一，体现出路易十四对君主政权和秩序的追求（图1-2-40）。园中道路宽敞，草坪树木修剪齐整，喷泉、雕塑随处可见。两条长一千多米、宽几十米的大小运河呈十字交叉状贯穿园林，为皇家花园增添了自然氛围。

（1）园林规模宏大，气势恢宏

意大利的园林一般只有几公顷，而凡尔赛宫园林竟有1 600 km²，轴线有

3 000 m 长。如此巨大的面积，是多么浩大的工程。虽然给整体设计带来了一定的困难，但是就视觉效果来说，确实气势恢宏，不同凡响。

（2）园林主轴线强调视觉效果

凡尔赛宫花园与意大利花园单纯的几何对称轴线不同，具有突出的艺术中心。最华丽的植物花坛、最辉煌的喷泉、最精彩的雕像、最壮观的台阶，一切好的设计都首先集中在轴线上或者靠在它的两侧（参见图 1-2-40）。把主轴线做成艺术中心，一方面是因为园林大，没有艺术中心就显得散漫，另一方面，它反映着绝对君权的政治理想，构园也主次分明，像众星拱月一般。

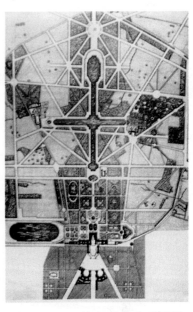

图 1-2-39　凡尔赛宫苑平面图

凡尔赛宫具有浓重的皇权象征寓意。宫殿中府邸统率一切，位于整个地段的最高处，前面有笔直的林荫道通向城市，后面紧挨着它的是花园，花园外围是密密匝匝无边无际的林园，府邸的轴线贯穿花园和林园，是整个构园的中枢。在中轴线两侧，为跟府邸的立面形式呼应，对称布置了次级轴线，它们和几条横轴线构成园林布局的骨架，编织成一个主次分明、纲目清晰的几何网络。

（3）几何对称的规则式布局

图 1-2-40　凡尔赛园林的轴线

凡尔赛宫园林是规则式园林，整个园林及各景区景点皆表现出人为控制下的几何图案美。如园林在构图上呈几何体形式，在平面规划的中轴线上，整体布局中前后左右对称。园地划分时采用几何形体，其园线、园路多采用直线形；广场、水池、花坛多采用几何形体；植物配置多采用对称式，株、行距明显匀齐，花木整形修剪成一定图案（图 1-2-41、图 1-2-42），园内行道树整齐、美观，有发达的林冠线。其主要的设计者勒诺特尔是西方最著名的皇家造园师，他的设计突出"强迫自然接受匀称法则"，肯定了人工美高于自然美的设计理念。

（4）常绿植物造景

从图 1-2-41、图 1-2-42 可看出，勒诺特尔用多种方式进行植物造景，其中，常绿树种在设计中占据首要地位。其独特之处在于大规模地将成排的树木用在小

图1-2-41 凡尔赛宫修剪整齐的植物 图1-2-42 凡尔赛园林中修剪整齐的
与花坛 绿篱

路两侧，加强了线性透视的感染力。不论是水体与植物的组合景，还是园路与植物的组合景，都强调了相互因借，相互映衬的和谐美。

（5）瀑布和喷泉的运用

凡尔赛宫园林的另一特色是喷泉和瀑布。宫殿后的花园喷泉多且美，每组喷泉都有一个神话故事。一组由红色大理石砌成的拉多娜喷泉，为希腊神话中阿波罗和狄安娜之母复仇的故事。拉多娜曾被小亚细亚农民所辱，众神之王朱庇特便把这些农夫变成青蛙。一群青蛙和头部刚刚变成青蛙的农夫口喷清泉，形成一个晶莹的水帘，把立于泉水之巅的拉多娜罩在一片白茫茫的水花之中（图1-2-43）。中轴线上另一座喷泉——阿波罗喷泉，设计者杜比想象阿波罗乘坐一辆四马战车跃出水面，显示出一副英姿勃发的形象，几个海妖手持海螺吹响着，宣告阿波罗的降临（图1-2-44）。

凡尔赛宫整体建筑规划形体对称，中轴东西向，包括了前宫大花园、宫殿和放射形大道三部分，立面为标准的古典主义三段式。古典主义建筑造型严谨，普遍应用古典柱式来表现，而园林部分则作几何式布局，以中轴线为主线加以延伸，大方得体。纵观全景，凡尔赛宫园林气势恢宏，望不见尽头的两行古树，俯瞰着绿色的草坪，绿色的湖水。千姿百态的大小雕像或静立在林荫道边，或沐浴于喷水池中。大小花坛一畦一样，绿色的小松树被有条理地剪成圆锥形，布局匀称、有条不紊。总而言之，凡尔赛宫是法国封建统治时期的一座纪念碑，它不仅是皇帝的宫殿，也是国家的行政中心，是法国古典主义宫殿及园林的代表作，充满着无穷的魅力，在规划设计和造园艺术上都被当时欧洲所效仿。

3. 东方、西方古典园林艺术的异同

（1）共同点

东方古典园林与西方古典园林的共性是：两者都产生于人类对大自然的认同，

图1-2-43　凡尔赛宫园林的拉多娜喷泉　　图1-2-44　凡尔赛宫园林的阿波罗喷泉

都是当时文化、艺术的反映，有人们向往的仙境乐园，有供人游乐赏玩的艺术空间，都是"真、善、美"三位一体的自然王国。从物质建构要素来看，无论是东方园林，还是西方园林，都是由植物、山水或泉石、建筑三要素组合而成，再由园路贯穿连接。

（2）不同点

东方古典园林与西方古典园林，由于各自所处的自然环境、社会形态、文化氛围等方面的差异，造园时使用不同建筑材料和布局形式，表达各自不同的观念情趣和审美意识。东方古典园林与西方古典园林的区别是：

以法国为代表的西方古典园林为几何式园林，特点是：整齐一律，均衡对称，具有明确的轴线引导，讲究几何图案的组织，甚至连花草树木都修剪得方方正正。总之，一切都纳入到严格的几何制约关系中去，一切都表现为一种人工创造，强调人工美。

以中国为代表的东方古典园林是自然式园林，特点是：源于自然，高于自然，追求"片山有致，寸石生情"，自然美与建筑美有机结合，重视意境美，庭园中一切物质建构要素尽可能采用曲线或模仿自然物之形象，做到"虽由人作，宛自天开"，更强调自然美。

造园使用的建筑材料，中国传统建筑以土木为主，西方古典建筑以石质为主。在布局上，中国传统建筑多数是向平面展开的组群布局，而西方古典建筑强调向上挺拔，突出个体建筑。在建筑文化的主题上，中国传统建筑以宣扬皇权至尊、明伦示礼为中心，西方古典建筑以宣扬神的崇高、表现对神的崇拜与爱戴为中心。中国传统建筑的艺术风格以人与自然"和谐"之美为基调，西方古典建筑的艺术风格重在表现人与自然的对抗之美，以宗教建筑的空旷、封闭的内部空间使人产生宗教般的激情与迷狂。

随堂练习

利用互联网，查阅生态主义园林的两位代表伊恩·麦克哈格和彼得·拉兹的代表作，并分析其造园思想。

任务 1.3　园林造景手法

任务目标

知识目标：1. 了解视点、观赏视距的概念，理解观景的三种方式。

　　　　　　2. 掌握园林造景的手法及常用的组景方式。

技能目标：1. 能够分析案例中的主要造景手法。

　　　　　　2. 能够分析案例中的主要组景方式。

知识学习

一、风景的观赏

1. 视距与赏景

观赏者所在的位点之上即人的眼睛位置，称为视点，也称观赏点；视点到被观赏景物之间的直线距离称为观赏视距。不同的观赏视距会产生不同的观赏效果，因此，景物的呈现效果与观赏距离关系密切。

人在平视静观的情况下，水平视角不超过 45°，垂直视角不超过 30°。由此推算，垂直观赏大型景物的最佳观赏视距 D 为景物高度 H 的 3.5 倍（图 1-3-1），垂直观赏小型景物的最佳观赏视距为景物高度的 3 倍。水平观赏景物合适视距 D 为景物宽度 M 的 1.2 倍（图 1-3-2）。

因此，观赏园林主景在垂直视场 30° 和水平视场 45° 范围内最佳，在此范围内，供观赏者逗留、徘徊观赏的景点必须安排一定的空间，如休息亭、廊榭、花架等。

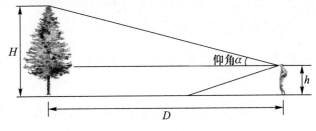

图 1-3-1　最适视域的垂直视角（刘桂玲 绘）

2．视点高度与赏景

郭熙的《山水训》云：山有"三远"，自山下而仰山巅，谓之高远；自山前而窥山后，谓之深远；自近山而望远山，谓之平远（图1-3-3）。所以，根据观景角度不同，有平视、仰视、俯视三种，结合郭熙的"三远"，每种观赏效果及感受各有不同。

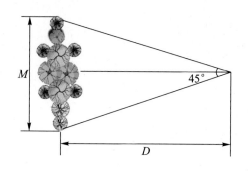

图 1-3-2　最适视域的水平视角
（刘桂玲　绘）

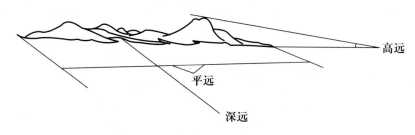

图1-3-3　三远示意图（刘桂玲　改绘）

（1）平视风景

视线平望向前，给人的感受是平静、安宁、深远、轻松。因此园林中常创造宽阔的水面、平缓的草坪（图1-3-4），开阔的视野和远眺的条件，可让观赏者一饱眼福。

（2）仰视风景

一般认为视景仰角大于45°时，可以产生高大、雄伟、崇高和威严的感觉。在中国皇家宫苑和宗教园林中常用此法突出皇权神威（图1-3-5），或在山水园中创造群峰万壑、小中见大的意境。如北京颐和园，

图 1-3-4　平视——云南普达措国家公园
大草坪（陈明明　摄）

从排云殿以后几处地方看佛香阁，其仰角是62°，产生浓厚的雄伟感，也顿觉自我渺小。

（3）俯视风景

当观赏者视点位置高于景物时，如在山顶、建筑物楼顶俯视谷底、地面时，就达到俯视风景的效果。园林中常利用地形或人工造景，创造制高点以供人俯

视。一般俯视视角小于 45° 时，俯视角不同，分别产生深远、深渊、凌空感。当小于 0° 时，则产生欲坠危机感。"登泰山而小天下"即让人有人定胜天的喜悦感（图 1-3-6）。

图 1-3-5　仰视——南昌滕王阁
（刘桂玲 摄）

图 1-3-6　俯视——厦门鼓浪屿
（刘桂玲 摄）

3. 静态观赏与动态观赏

不同的观景方式给人以不同的感受。观赏者在固定的位置观赏景物，视点与景物的位置不变，即为静态观赏，静态观赏的景物称为静态风景；观赏者在行走中赏景的视点与景物产生相对位移，称为动态观赏，动态观赏的景物称为动态风景。

静态观赏，即观赏者有时对一些情节特别感兴趣，要进行细部观赏，为了满足这种观赏要求，可以在分景中穿插配置一些能激发人们进行细致鉴赏的、具有特殊风格的近景和特写景，如某些特殊风格的植物，某些碑、亭、假山、窗景等。

动态观赏，其视点与景物产生相对位移，如看风景电影，一个景一个景地不断向后移去，成为一种动态的连续构图。动态观赏可采用步行或乘车、乘船以及索道缆车等。不同赏景方式观景效果不同，乘车的速度快，视野较窄，选择较少，设计时注意沿途景观体量要大、轮廓和天际线要远，并注意景物的连续性、节奏性和整体性；乘船视野较开阔，视线的选择较自由，效果较乘车为好（图 1-3-7）。

设计园林绿地应从动与静两方面来考虑，园林绿地总体设计为了满足动态观赏的要求，应该安排一定的风景路线，每一条风景路线的分景安排应达到步移景异的效果，一景又一景，形成一个循序渐进的连续观赏过程。

图1-3-7 乘船游览获取开阔的视野（马来西亚沙巴岛）（刘桂玲 摄）

二、园林造景手法

1．主景与配景

主景是指在园林空间中吸引视线焦点的景物，往往用于表达园林主题或主要的使用功能，是景区的精华所在，园林构图的核心。处理好主景，可取得提纲挈领的效果。

突出主景的方法有：

（1）主景升高或降低

主景升高，相对地使配景视点降低，看主景要仰视，一般可以简洁明朗的蓝天远山为背景，使主体的造型、轮廓鲜明、突出（图1-3-8）。主景降低，相对地使配景视点抬高，看主景要俯视，如下沉式广场或下沉式水体。舟山海山公园中的茶餐厅，周围借用抬高的微地形，使水体地势降低，于视线焦点、动势集中处安排主景餐厅建筑（图1-3-9）。

（2）运用轴线将视线引向风景主景

图1-3-8 地势抬高——哈尔滨防洪纪
念塔（刘桂玲 摄）

图1-3-9 地势降低——舟山海山公园
茶餐厅（刘桂玲 摄）

主景常布置在中轴线的终点，也常布置在园林纵横轴线的相交点、放射轴线的焦点或风景透视线的焦点上。图 1-3-10 为舟山竹山公园，是一座以鸦片战争古战场为载体、以爱国主义教育为主题的纪念公园，借步道轴线，将视线引向最高点的纪念雕塑主景。

（3）主景布置在动势向心焦点上

一般四面环抱的空间，如水面、广场、庭园等，四周次要的景色往往具有动势，趋向于一个视线的焦点，主景宜布置在这个焦点上。如青岛五四广场的标志性雕塑"五月的风"，整体主景布置在广场焦点上，表现出腾空而起的"劲风"形象，给人以"力"的震撼（图 1-3-11）。

图 1-3-10 视线焦点——舟   图 1-3-11 动势向心——青岛"五月
山竹山公园（刘桂玲 摄）   的风"雕塑

（4）主景布置在空间构图的重心处

规则式园林构图，主景常居于几何中心（重心）。图 1-3-12 为某庭园以砖石铺露台，水池和花架形成一条轴线，中心喷泉水池成为庭园主景，加强感染力。而自然式园林构图，主景常位于自然重心上。

图 1-3-13 为某庭园以圆形莲池为主景，通过树篱、阳台、沙砾路等曲线的应用，形成一种向心感，富于变化，具有动势。

（5）"园中之园"法

不少大面积园林或风景区在关键部位设置园中园、湖中湖或者岛中岛，以丰富大面积园区的景观。如颐和园中的谐趣园，杭州西湖的三潭印月为湖中有湖，岛中有岛（图 1-3-14）。

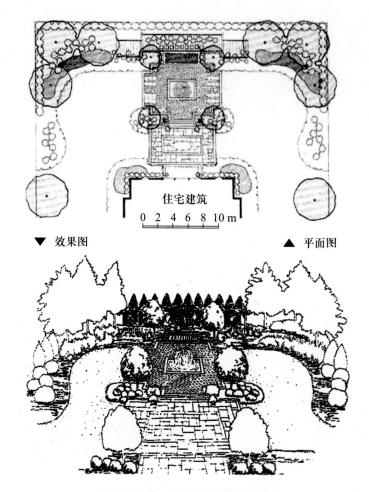

住宅建筑

0 2 4 6 8 10 m

▼ 效果图　　　　　　　　　　　　▲ 平面图

图 1-3-12　规则式园林构图重心

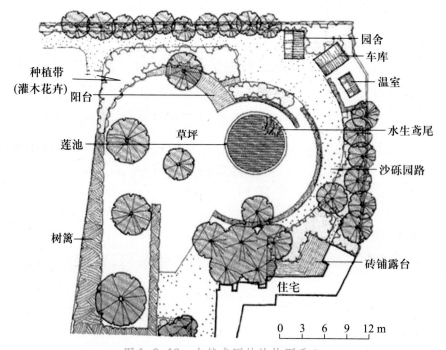

园舍
车库
温室

种植带
(灌木花卉)
阳台

水生鸢尾

莲池　　　　　草坪

沙砾园路

树篱

砖铺露台

住宅

0 3 6 9 12 m

图 1-3-13　自然式园林的构图重心

图1-3-14 西湖三潭印月及湖心岛

2. 障景、框景、漏景

（1）障景

在园林绿地中，凡是抑制视线，引导空间屏障景物的手法，称为障景。中国园林讲究"欲扬先抑"，也主张"俗则屏之"，达到"山重水复疑无路，柳暗花明又一村"的效果。通过障景增加风景层次，有意组织游人视线发生变化，常用方法有山石障（图1-3-15）、树障、屏风障、景墙障（图1-3-16）等。

图1-3-15 山石障——蚌埠龙子湖公　　　图1-3-16 景墙障——昆明花博会
　　　　　园（刘桂玲 摄）　　　　　　　　　　　（陈明明 摄）

（2）框景

框景是为组织视景线和局部定点定位观赏的手法，类似照相机取景一样，达到增加景深、突出对景的奇异效果。框景多利用门框（图1-3-17）、柱间（图1-3-18）、窗框（图1-3-19、图1-3-20）等，有选择地摄取空间美景。

（3）漏景

景前有稀疏之物遮挡为"漏"。在园林中利用漏窗（图1-3-20）、漏墙、漏屏风、竹林疏枝（图1-3-21）、山石环洞等手法，形成若隐若现景观，含蓄雅致，增加趣味。

图 1-3-17　利用门框景——扬州何园
（刘桂玲　摄）

图 1-3-18　利用柱间框景——扬州何
园（刘桂玲　摄）

图 1-3-19　利用窗框景——扬州何园
（刘桂玲　摄）

图 1-3-20　利用窗漏景——杭州胡雪
岩故居（刘桂玲　摄）

3. 夹景、添景、点景

（1）夹景

为了突出理想的景色，常将左右两侧以树丛、树干、断崖、墙垣或建筑等加以屏障，于是形成左右遮挡的狭长空间，这种手法叫夹景，夹景运用轴线、透视线突出对景，可增加园景的深远感（图 1-3-22）。

图 1-3-21　利用植物疏枝漏景——杭
州西泠印社（刘桂玲　摄）

（2）添景

当风景点与远方之间没有其他中景、近景过渡时，为求主景或对景有丰富的层次感，加强远景"景深"的感染力，常做添景处理。添景可用建筑的一角或建筑小品、树木花卉。用树木作添景时，树木体形宜高大，姿态宜优美（图1-3-23）。

图1-3-22 利用列植夹景——蚌埠龙子湖公园（刘桂玲 摄）　　图1-3-23 利用红枫添景——扬州何园（刘桂玲 摄）

（3）点景

在风景视线上，或景区转折点上，经常利用山石、植物、建筑和雕塑等景物来点题，使景物有了焦点和凝聚中心，以此来打破空间的单调感（图1-3-24），从而增加意趣。如杭州太子湾公园中的望山坪中，利用大风车进行点景（图1-3-25）。

图1-3-24 利用景亭打破空间单调感　　图1-3-25 利用建筑点景——杭州太子湾公园（刘桂玲 摄）

4. 借景

将园内视线所及的园外景色组织到园内来，成为园景的一部分，收无限于有限之中，称为借景。借景要达到"精"和"巧"的要求，使借来的景色同本园空间的气氛环境巧妙地结合起来，让园内园外相互呼应汇成一片。借景能扩大空间，丰富园景，增加变化。按景的距离、时间、角度等分类，借景类型有：

（1）远借

远借即把园林远处的景物组织进来，所借之物可以是山体、水系、植物、建筑等。如：无锡寄畅园远借惠山，苏州拙政园远借北寺塔，北京颐和园远借西山及玉泉山之塔（图1-3-26）。

（2）近借（邻借）

近借即把园子附近的景色组织进来。所借之物可以是亭廊楼阁、植物、山体、水系等，"一枝红杏出墙来""杨柳宜作两家春"，如苏州宜两亭（图1-3-27）等。

图1-3-26　北京颐和园远借西山及玉泉山之塔

图1-3-27　苏州拙政园宜两亭

（3）仰借

仰借即利用仰视取景，借用高处景物。所借植物可以是高塔、高层建筑、山峰、大树、碧空白云、明月繁星、翔空飞鸟等。如北京的北海仰借景山（图1-3-28），南京玄武湖仰借鸡鸣寺。

图1-3-28　北海仰借景山

（4）俯借

俯借即利用居高临下俯视观赏园外景物，登高俯视，四周景物尽收眼底。所借之物可以是江湖原野、湖光倒影等（图1-3-29）。

（5）应时而借

应时而借即利用一年四季、一日之时，由大自然的变化和景物的配合而成。最常见的即杭州西湖四季景观（图1-3-30）：苏堤春晓、曲院风荷、平湖秋月、断桥残雪。

图1-3-29 俯借江河溪流——杭州天目山（刘桂玲 摄）

图1-3-30 杭州西湖春景（刘桂玲 摄）

5. 实景与虚景

建筑中墙面为实，门窗廊柱间为虚。植物群落中，以"密不透风"为实，"疏可走马"为虚（图1-3-31）；园林建筑组群空间，封闭为实，开场为虚（图1-3-32）；山水之间，山峦为实，水流为虚（图1-3-33）；树石相配，顽石为实，树草为虚（图1-3-34）。

图1-3-31 杭州太子湾公园无患子大草坪（刘桂玲 摄）

图1-3-32 苏州沧浪亭（刘桂玲 摄）

图1-3-33 浙江农林大学东湖（刘桂玲 摄）

图1-3-34 杭州城市道路（刘桂玲 摄）

6．园林空间布局

园林空间是指人的视线范围内由花草树木、山水地形、建筑和道路广场等园林要素组成的景观区域，既包括平面布局，也包括立体构图，是一个综合平、立面艺术处理的三维概念。

（1）园林空间的分类

园林空间有很多类型，最常见的分类方法是将园林空间分为开敞空间、半开敞空间和闭合空间三类。

🍃开敞空间：即人的视平线高于四周景物的视域空间。这种空间四周开敞，外向，无私密性，并完全暴露在天空和阳光下，人在开敞空间里的视野可以无限延伸，心胸也觉得开阔很多，且因为是平视，视觉也不容易感到疲劳。

🍃半开敞空间：人的视线遮挡程度较低，可视纵深较开敞空间小，但比闭合空间大。

🍃闭合空间：即人的视线被四周景物屏障遮挡的视域空间。这种空间内向、封闭，私密性和隔离感强，且四周屏障物的顶部与视线所成的角度愈大，人与景物愈近，则闭合性愈强；反之，闭合性就小。

（2）空间分隔与联系

🍃地形：不同的地形可创造和限制园林空间，利用假山、地形组织空间（图1-3-35），还可以结合植物、建筑布置作为障景、框景、夹景等灵活运用。划分空间的手段很多，但利用地形、假山划分空间是从地形骨架的角度来划分，具有自然和灵活的特点，特别是用山水相映成趣地结合来组织空间，使空间更富于变化。

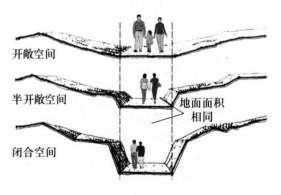

图1-3-35　地形限制空间示意图
（刘桂玲　改绘）

园林中的地形包括陆地和水体，不同类型的地形能影响人们对空间的范围和气氛的感受。平坦、和缓的地形在视觉上缺乏空间限制，给人轻松的感觉；斜坡、崎岖的地形能限制和封闭空间，易使人产生紧张、兴奋的感觉。在起伏明显的地形中，凸地形提供视野的外向性；凹地形则具有内向性，是不受外界干扰的空间，通常给人以分隔感、封闭感和私密感。图1-3-36所示为拙政园中利用水系进行空间分隔。

植物：植物在园林中有着重要的塑造空间的作用，由植物形成的空间是指由地平面、垂直平面以及顶平面或共同组成的、具有实在或暗示性的范围组合。其空间类型有以下几种：

图 1-3-36 利用水系分隔空间——苏州拙政园（刘桂玲 摄）

开敞植物空间 四周空间开敞。以低矮的植被作为空间限定要素，视线无遮挡，所形成的空间开敞、外向、无私密性。可采用低矮灌木和地被植物的配置方式（图 1-3-37）。

图 1-3-37 开敞植物空间（刘桂玲 绘）

半开敞植物空间 一面或多面受到较高植物的封闭。在一定区域范围内，四周不全敞开，有一部分用植物阻挡了人的视线，方向性强，指向开敞面，是开敞空间向封闭空间的过渡，是园林中出现最多的一种空间类型。其借助因素：可以借助地形、山石、小品等园林要素与植物配置共同完成，其封闭面可采用乔木、灌木、草本植物三层配置方式（图 1-3-38）。

图 1-3-38 半开敞植物空间（刘桂玲 绘）

覆盖植物空间 顶部覆盖、四周开敞的空间。通常位于树冠下与地面之间，通过植物树干的分枝点高低形成浓密的树冠来构成空间感。可采用分枝点较高、树冠庞大、具有很好遮阳效果的乔木。此外，攀缘植物利用花架、拱门、木廊等攀附在其上生长，也能构成有效的覆盖空间（图 1-3-39）。

完全封闭植物空间 四周封闭。可采用上层为高大的乔木覆盖整个空间，其下被中小型植物所封闭的配置方式（图 1-3-40）。

　　垂直植物空间　垂直面封闭，顶平面开敞，中间空旷。可采用分枝点较低、树冠紧凑的中小乔木形成的树列、修剪整齐的高树篱来配置（图1-3-41）。

　　🍃建筑：利用亭、廊、榭、舫、桥等园林建筑及其组合形式，可围合形成变化多端的园林空间，是我国古典园林组织空间的重要特点。如苏州拙政园中利用小飞虹进行空间分隔，虚实结合，若有若无（图1-3-42）。

　　🍃园路：园林中常常利用园路把全园分隔成各种不同功能的景区或分成若干空间，从而使每个空间格局各有特色。利用园路与周围的山水、建筑、植物等组合成景，在分隔、联系的同时，又"因路得景"，自成景观。所以，园路可以划分出草坪、疏林、密林、游乐区等不同空间，同时又成为联系各个空间的纽带（图1-3-43）。

图1-3-39　覆盖植物空间（刘桂玲　绘）

图1-3-40　完全封闭植物空间（刘桂玲　绘）

图1-3-41　垂直植物空间（刘桂玲　绘）

图 1-3-42　利用建筑分隔空间——苏州　　　图 1-3-43　利用道路分隔空间——苏
　　　　拙政园小飞虹（刘桂玲 摄）　　　　　　　州网师园（刘桂玲 摄）

三、组景

1. 组景形式

园林风景是由许多局部景物组成的，这些布局如果没有连续性，或相互之间没有联系，整个园林就不会成为一个统一体，也算不上一个完好的园林布局。园林布局应该使观赏者在整个游览过程中，感到一种主从分明的多样统一规律，这种规律体现在动态之中，是与观赏者的视点运动联系起来的，这种随着观赏者运动而变化的风景布局即风景序列布局，有以下几种组景方式：

（1）景观断续

园林组景构图中，为使连续风景有节奏感，就要使连续的景物有断有续。如带状花坛、花境（图 1-3-44）、绿篱、林带、建筑群、景观小品（图 1-3-45）等在不发生矛盾时，应该有断有续，使连续风景产生节奏变化，具有韵律感。

图 1-3-44　杭州某道路绿地花境具节　　　图 1-3-45　上海世博会重复的中国元
　　　　奏感（刘桂玲 摄）　　　　　　　　　　素（刘桂玲 摄）

（2）起伏曲折

园林组景构图中，连续的山体（图1-3-46）、建筑群、林带、园路等，常常用曲折和起伏的变化来产生构图的节奏感。中国古典园林中的园路要求峰回路转，不仅在平面上有曲折，而且在立面上有起伏（图1-3-47），成功创造出丰富的节奏。

图1-3-46 黄山连绵的　　　　图1-3-47 曲院风荷林冠线（刘桂玲 摄）
山峰（刘桂玲 摄）

（3）景观反复

连续风景中出现的景物，既不能永远不变，又不能时刻不停地变化，许多不同的景物，常常与其他景物交替着反复出现，这样既有变化，又不致太杂乱无章。如在进行城市道路设计时，常常用一个标段作为单元，不断反复出现，就构成连续的道路景观（图1-3-48）。

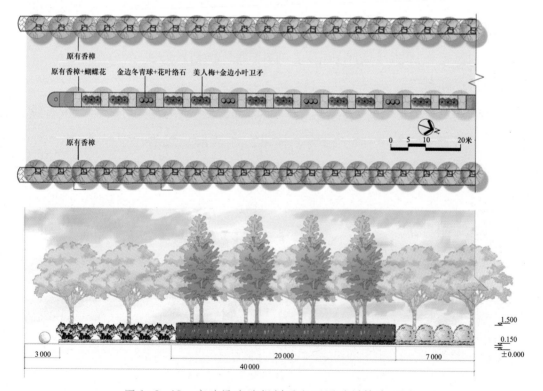

图1-3-48 宁波民安路规划平立面图（刘桂玲 绘）

（4）空间开合

园林组景构图中，前景有时为开放风景，有时又为闭锁风景。空间一开一合，可以产生一种节奏感。如杭州太子湾公园（图1-3-49），四周的林冠线有起伏，林缘线有曲折，受地形及水系影响，使园林空间时而开放、时而闭锁，从而产生空间开合的节奏感。如此一收一放、一开一合地前进，连续的风景便产生多样统一的节奏。

图1-3-49 杭州太子湾公园（刘桂玲 摄）

2. 组景序列

中国传统园林多有规定的出入口及行进路线，景点和景区沿着行进路线一一展现在游人面前，形成一种景观的展示程序，其中常用的是线性序列、循环序列和专类序列。

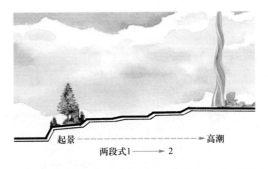

图1-3-50 两段式序列示意图（刘桂玲 绘）

（1）线性序列

线性序列有两段式和三段式之分。两段式就是起景逐步过渡到高潮而结束（图1-3-50）。三段式为"起景—高潮—终景"三个段落，无论经由哪一条游览线，均能领略到一组动态风景序列（图1-3-51）。

（2）循环序列

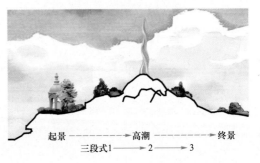

图1-3-51 三段式序列示意图（刘桂玲 绘）

循环序列为多条展示序列，且各条序列以环状沟通，并以各自入口为起景，主景区主要景物为构图中心，以循环道路为游览线来组织空间。在风景区的规划中，最常用的就是单循环序列，在规划中要注意游赏序列的合理安排和游程游线的有机组织（图1-3-52）。

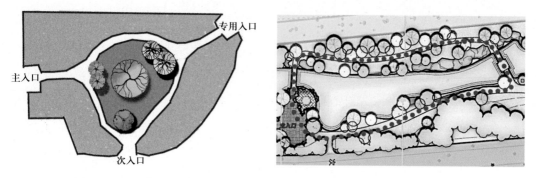

图1-3-52   单循环序列示意图（左）及代表案例（右）（刘桂玲 绘）

（3）专类序列

以专类活动内容为主的专类园林有着它们各自的特点，如植物园（图1-3-53）、

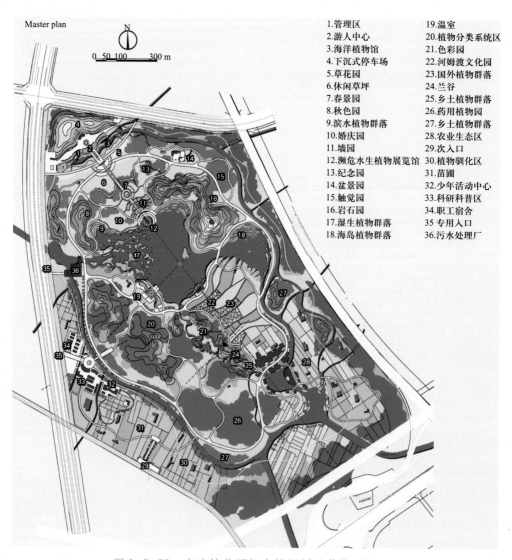

1.管理区	19.温室
2.游人中心	20.植物分类系统区
3.海洋植物馆	21.色彩园
4.下沉式停车场	22.河姆渡文化园
5.草花园	23.国外植物群落
6.休闲草坪	24.兰谷
7.春景园	25.乡土植物群落
8.秋色园	26.药用植物园
9.滨水植物群落	27.乡土植物群落
10.婚庆园	28.农业生态区
11.墙园	29.次入口
12.濒危水生植物展览馆	30.植物驯化区
13.纪念园	31.苗圃
14.盆景园	32.少年活动中心
15.触觉园	33.科研科普区
16.岩石园	34.职工宿舍
17.湿生植物群落	35.专用入口
18.海岛植物群落	36.污水处理厂

图1-3-53   宁波植物园概念性规划（蒋健 绘）

动物园常从低等物种到高等物种展开空间布局，即以物种的进化系统组织园林序列，这种空间展示有着规定性的序列要求，可称之为专类序列。

　　总之，无论何种展示序列的园林空间，均由若干局部空间组成。各个局部空间只做到自成一体是不够的，在序列风景中应体现互相联系、主次分明的多样统一规律。许多园林绿地中，可以同时包含线性序列、循环序列、专类序列三个园林空间。

能力培养

分析苏州博物馆的造景手法

　　在苏州园林中，为了满足人们对于景物的观赏要求，除了良好的观赏路线和视觉观赏条件外，处处有景，步移景异，具有百看不厌的魅力，使人们感觉其园林空间虽小但又不觉其小。造园手法体现在对各造景要素进行构景设计的环节里，通常采用对景、敞景、分景、框景、漏景、夹景、借景等处理方式，将景物与视线巧妙地组合起来。一些造园手法在贝聿铭设计的苏州博物馆里也得到了很好的体现（图 1-3-54）。

图 1-3-54　苏州博物馆入口（刘桂玲 摄）

1. 框景手法的运用

　　如图 1-3-55，此框景手法如同在墙壁上镶嵌着一幅动人的画，真真假假，虚虚实实，让人幻想无穷，产生图画般赏心悦目的艺术效果。

图1-3-55　框景手法的运用（刘桂玲 摄）

2．隔景手法的运用

如图1-3-56，透过展厅内的玻璃窗望向窗外，两侧修竹阻断了部分视线，使得人们从里往外看到的景色影影绰绰，更好地体现了江南园林的特点。

3．添景、借景及虚实手法的运用

如图1-3-57，为求主景假山有丰富的层次感，加强远景"景深"的感染力，特在景墙边添置多层次假山，给人以假乱真的虚幻景象。

图1-3-56　隔景手法的运用
（刘桂玲 摄）

图1-3-57　添景、借景、虚实三种造景手法的运用（刘桂玲 摄）

此处还运用了借景手法，景墙之外的树景就是借用了位于博物馆旁边的拙政园的景致，通过视点和视线的巧妙组织，把空间之外的景物纳入观赏视线之中，借以扩展有限场地内的空间感。

对于整体造景空间来说，景墙封闭为实，另一侧开敞水体为虚；山水之间，假山为实，水体为虚；树墙相配，景墙为实，树木为虚。

4. 夹景手法的运用

如图1-3-58，为了突出理想的景色，将左右两侧以竖向的竹丛及建筑墙体等加以屏障，形成左右遮挡的狭长空间，增加园景的深远感。

5. 漏景手法的运用

图1-3-59所示，即典型漏景的运用。在围墙及廊的侧墙上，开设许多造型各异的漏窗，来透视园内的景物，使景物时隐时现，形成"犹抱琵琶半遮面"的含蓄意境。

图1-3-58 夹景手法的运用（刘桂玲 摄）　　图1-3-59 漏景手法的运用（刘桂玲 摄）

随堂练习

针对中国古典园林优秀案例——苏州拙政园，分析其造景手法及组景方式。

（1）首先对该园进行全面踏勘，并拍照，同时观察、分析、思考（无条件者，可利用网络资源进行分析、讨论）。

（2）分小组讨论、分析该园的造景手法，并选取其中一个或若干个局部效果图（图1-3-60）进行临摹。

（3）作业评比，总结各组学生的分析是否正确。

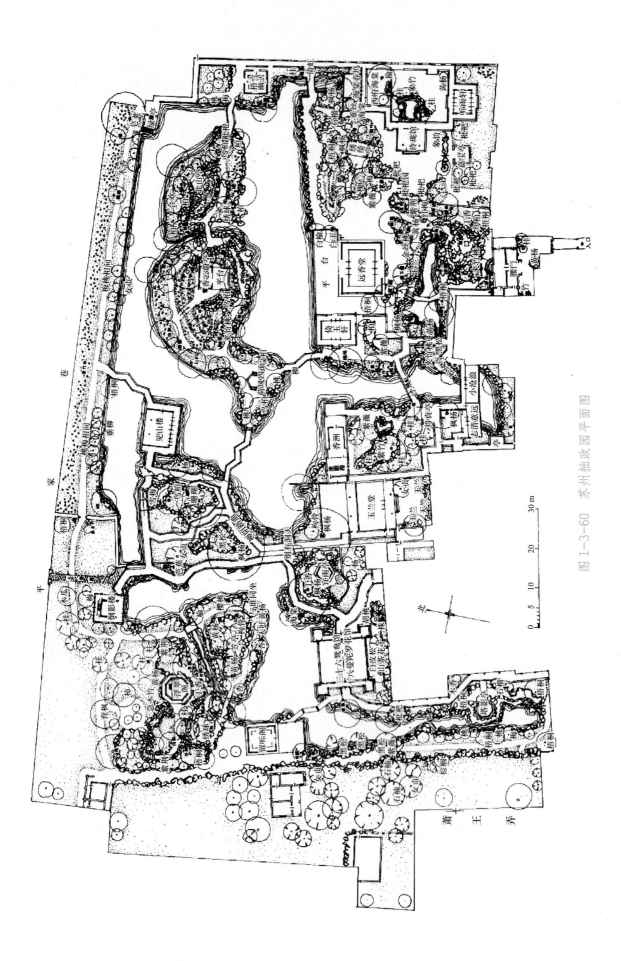

图 1-3-60 苏州拙政园平面图

项 目 小 结

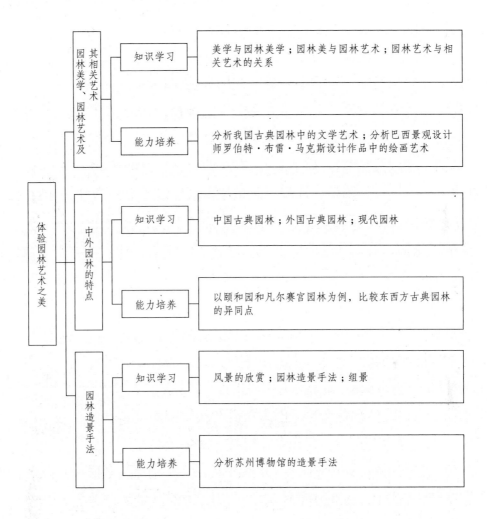

参 考 文 献

[1] 王朝闻. 美学概论. 北京：人民出版社，1981

[2] 朱光潜. 谈美. 合肥：安徽教育出版社，1997

[3] 宗白华. 美学与艺境. 北京：人民出版社，1987

[4] 李泽厚. 美学三书. 合肥：安徽文艺出版社，1999

[5] 朱光潜. 西方美学史. 北京：人民文学出版社，1963

[6] 朱立元. 现代西方美学史. 上海：上海文艺出版社，1993

[7] 胡竞恺. 论园林美鉴赏与创造. 山东林业科技，2008（6）

[8] 计成. 园冶注释. 陈植，注释. 北京：中国建筑工业出版社，1981

[9] 陈植. 中国历代名园记选注. 合肥：安徽科学技术出版社，1983

[10] 李静，张浪，吴诗华. 园林艺术与园林美. 安徽农业大学学报（社会科学版），2001（3）

[11] 周维权. 中国古典园林史. 北京：清华大学出版社，1999

[12] 陈从周. 园韵. 上海：上海文化出版社，1999

[13] 王毅. 园林与中国文化. 上海：上海人民出版社，1990

[14] 曹林娣. 苏州园林. 北京：中华书局，1996

[15] 李浩. 唐代园林别业考论. 西安：西北大学出版社，1996

[16] 李春峰. 园林与文学. 现代农业科技，2005（4）

[17] 刘远. 浅谈园林设计和绘画艺术的美学关系. 阜阳师院学报（社科版），1999（1）

[18] 郦芷若，唐学山. 雕塑在园林中的应用. 北京林业大学学报，1981（3）

[19] 吕荣华. 园林美与音乐美. 浙江林学院学报，2000，17（1）

[20] 徐敏. 书法艺术与古典园林艺术的关联. 建筑与文化，2009（3）

[21] 刘宇，张颖，李素华. 园林文学及其在中国古典园林中的应用. 南方农业，2009（12）

[22] 任京燕. 巴西风景园林设计大师布雷·马科斯的设计及影响. 中国园林，2000（5）

[23] 李睿煊，李香会. 流动的色彩——巴西著名设计师罗伯特·布雷·马克斯及其风景园林作品. 中国园林，2004（12）

了解设计艺术之韵

项目导入

　　大千世界，形态万千，但通过仔细观察我们会发现，任何形态都可以还原到点、线、面，点、线、面又可以组合成任何形态，而不同的色彩又赋予这些形态以不同的美，这就是艺术构成的魅力。平面构成用在各种平面设计当中，立体构成主要用在雕塑、景观小品、建筑等方面，色彩构成能使色彩搭配呈现不同的感观效果。三大构成的学习可以提高我们对艺术的理解和运用，在生活中只要我们留心观察，处处都有三大构成的影子。

　　中国被誉为"世界园林之母"，其园林风格独树一帜，写意山水园林的形式成为东方园林的主要代表，特别是中国古典园林中独有的意境美，是把古诗文、历史传说中的意境赋予园林景观之中，使之具有古风雅韵。

　　欧洲的园林以意大利的台地园和法国的平面图案式园林为主要代表，这是由于不同的文化背景和地理环境而形成的不同艺术风格。但不同的艺术形式之间除了差异之外还存在同一性，比例与尺度、对比与调和、均衡与稳定、韵律与节奏，这些艺术构图法则在不同形式风格的园林中都有应用。

任务 2.1   设计艺术构成

任务目标

知识目标: 1. 了解平面构成的概念。

2. 理解点的表情、点的构成。

3. 理解线的表情,了解面的种类,掌握单元形造型的基本方法。

4. 了解线材构成、面材构成和块材构成。

5. 了解色彩的基本知识,掌握色彩对比与色彩调和。

技能目标: 能够分析园林景观作品中的平面构成。

知识学习

一、平面构成

1. 平面构成的概念

平面构成主要是研究美在二维或平面中的表达及其形式法则。平面构成的造型要素不是以表现自然界具体的物象为主体,而是强调客观现实的构成规律,把自然界中存在的复杂物象和事物的形成过程化解为最简单的点、线、面,并研究各种物象的构造,分析其特征,利用大小不同、形状各异的形象之间的相互关系和形象与空间之间的关系,进行分解、重构后,创造出理想的新视觉形象,并以此为基础进行构思和设计。

2. 点

在我们生活的大千世界中,一切事物都有其特定的形态。将形态分解、提炼、概括后,就得到平面构成形态的最基本元素——点、线、面。

（1）点的界定

在几何学中，线与线的相交便形成点，点不具有大小，只有位置。但在形态学中，点如果没有形，便无法作视觉的表现，所以必须具有大小之别，当然也具有面积和形态的特点。

（2）点的表情

🍃不同的点会给人不同的感受：

大点：简洁、单纯、缺少层次。

小点：丰富、光泽感、琐碎、零落。

方点：秩序感、滞留感。

圆点：运动感、柔顺、完美。

🍃点的位置关系会给人不同的感受：点的位置上移，将产生向下跌落感（图2-1-1）；点的位置如果移至上方的一侧，产生的不安定感更加强烈；当点移至下方的中点，会产生踏实的安定感（图2-1-2、图2-1-3）。

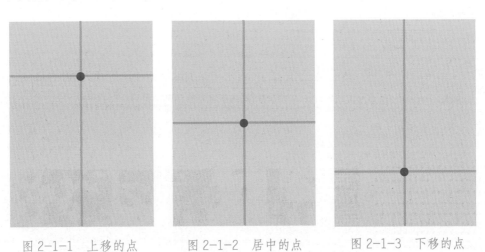

图 2-1-1　上移的点　　　　图 2-1-2　居中的点　　　　图 2-1-3　下移的点

（3）点与点的关系

较近距离的两个点，由于张力产生了线的感觉（图2-1-4）。较小的点易于被大的点吸引，使视觉产生由小向大的移动感（图2-1-5）。

图 2-1-4　等距离的点

图 2-1-5　不等距离的点

（4）点的空间变化

由大到小渐变排列的点，产生由强到弱的运动感，同时产生空间深远感，能加强空间变化。大小不同的点自由放置，也能产生远近的空间效果（图2-1-6）。相对于周围的空间，点的面积越小就越具有点的特性，随着面积的增大，点的感觉也会减弱（图2-1-7）。

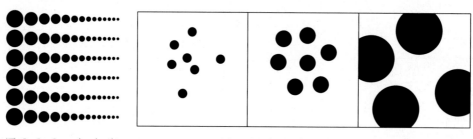

图 2-1-6　大小渐
变的点　　　　　　　　　图 2-1-7　面积大小不同的点

（5）点的构成

🍃 有序的点的构成：这里主要指点的形状与面积、位置或方向等因素，以规律化的形式排列构成，或相同的重复，有序的渐变等（图2-1-8）。

🍃 自由的点的构成：这里主要指点的形状与面积、位置或方向等因素，以自由化、非规律性的形式排列构成。这种构成往往会呈现出丰富的、平面的、涣散的视觉效果（图2-1-9）。

图 2-1-8　有序点的构成　　　　　　图 2-1-9　自由点的构成

3. 线

（1）线的界定

在几何学中，线是点的移动的轨迹，线只有长度与位置。在形态学中，线有同样的性质，即是可见的视觉形象。因此，线不但有位置，而且有一定的长度和宽度。点的移动产生线。点向一个方向移动时，就成为直线；点在移动的过程中经常变化方向，就成为曲线；点的移动方向间隔变换，则为折线。

（2）线的表情

🖊 直线：表现出平静、力量，具有男性的情感特征。

🖊 水平线：平稳、安定、广阔、无限（图 2-1-10）。

🖊 垂直线：端庄、肃穆、明确，强烈的上升与下落趋势（图 2-1-11）。

🖊 斜线：不安全感；不同方向的势态，具有不同的性格表征（图 2-1-12）。

🖊 折线：动荡、烦躁不安。

直线的适当运用对于平面设计作品来说，有标准、现代、稳定的感觉，常用直线来对不够标准化的设计进行纠正。适当的直线还可以分割平面（图 2-1-13）。

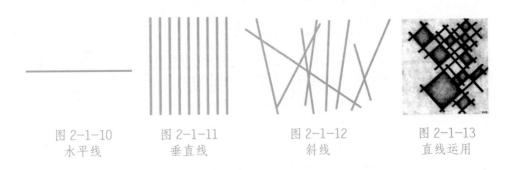

图 2-1-10　　　　图 2-1-11　　　　图 2-1-12　　　　图 2-1-13
水平线　　　　　垂直线　　　　　斜线　　　　　　直线运用

🖊 曲线：优美、轻快、柔和，富于旋律感，具有女性的情感特征。有几何曲线与自由曲线之分。

几何曲线是用圆规或其他工具绘制的，具有对称和秩序的美，是规整的美（图 2-1-14）。

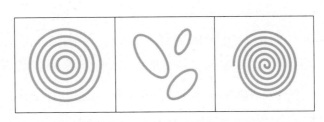

图 2-1-14　几何曲线

自由曲线一般为徒手绘制，有一种自然延伸的感觉，自由而富有弹性（图 2-1-15）。

曲线的规整排列会使人感觉流畅，让人想象到头发、羽絮、流水等，有强烈的心理暗示作用，而曲线的不规整排列会使人感觉混乱、无序以及自由。

若用粗细长短不同的各种线条依照作者的构想意念自由排列，这一类的构成图形，画面较活泼而富有感情，由于画时手法或者笔法不同会产生很多意想不到的效果（图 2-1-16）。

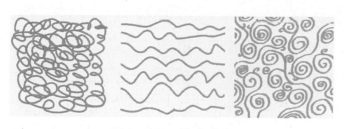 

图 2-1-15　自由曲线　　　　　图 2-1-16　不同线条自由排列的曲线

4. 面

在几何学中，面是线移动的轨迹，面只具有长、宽两度空间，没有厚度。面在平面构成中具有举足轻重的地位。在形态美学中，面具有大小、形状、色彩、肌理等造型元素，同时又是"形象"的呈现，因此，面即是"形"。如图 2-1-17 所示，直线的平行移动成方形，直线的回转移动成圆形，斜线的平行移动成菱形，直线一端移动成扇形，直线和弧线结合运动形成不规则形。

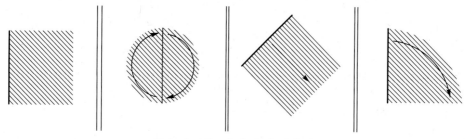

图 2-1-17　直线移动形成面

（1）面的种类

🍃 无机形：也称几何形，可用数学方式表达，即由直线或曲线，或直曲线两者结合形成的面，简单的如正方形、三角形、梯形、菱形、圆形、五角星等，具有数理性的简洁、明快、冷静和秩序等感觉，被广泛运用在建筑、实用器物等造型设计中；复杂的如不规则形，可人为创造，具有很强的造型特征和鲜明的个性。

圆形：有饱满的视觉效果，有运动、和谐、柔美的观感（图 2-1-18）。

四边形：矩形单纯而明确，平行四边形有运动趋向（图 2-1-19），梯形稳定，正方形有稳定的扩张感。

三角形：最稳定的图形（图 2-1-20）。

图 2-1-18　圆形与椭圆形

图 2-1-19　矩形与平行四边形

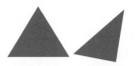

图 2-1-20　正三角形与不等边三角形

不规则形：是指人为创造的自由构成形，可随意地运用各种自由的、徒手的线性构成形态，具有很强的造型特征和鲜明的个性（图 2-1-21）。

有机形：具有秩序感和规律性，但更具有生命的韵律与质感，是一种不能单纯用数学方法求得的、融入生命活力的形态，如自然界的鹅卵石、枫树叶、瓜果外形，以及人的眼睛外形等（图 2-1-22、图 2-1-23）。

图 2-1-21　不规则图形

图 2-1-22　水果与树叶构成有机形

图 2-1-23　人与动物构成有机形

偶然形：偶然形是自然或人工偶然形成的形态，其结果无法被控制。如树叶上的虫眼，随意泼洒、滴落的墨迹或水迹等，具有一定的意外性和生动感。

（2）面的表情

面的表情呈现于不同的形态类型中，在二维的范围中，面的表情是最丰富的。画面往往随面（形）的形状、虚实、大小、位置、色彩、肌理等变化而形成复杂的造型世界，它是造型风格的具体体现。

5. 单元形

单元形，是指构成图形的基本单位。一组重复出现的单元形，或彼此有关联的形，依一定格局构成完整的画面，这些依据格局而存在的"单位形象"就叫作单元形。一个点、一条线、一块面都可以成为单元形中的元素（图 2-1-24、图 2-1-25）。

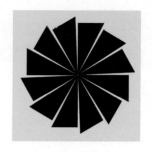

图 2-1-24 单元形 图 2-1-25 由单元形
构成的图形

（1）单元形造型的基本方法

两种以上的形相遇，可产生 8 种形式：

● 分离：面与面之间互不接触，保持一定的距离，在平面空间中呈现各自的形态（图 2-1-26）。

● 相接：也称相切，指面与面的轮廓线相切，并由此形成新的形状（图 2-1-27）。

● 覆叠：一个面覆盖在另一个面之上，从而在空间中形成了面之间的前后或上下的层次感（图 2-1-28）。

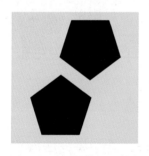

图 2-1-26 单元形的 图 2-1-27 单元形 图 2-1-28 单元形
分离 的相接 的覆盖

● 联合：面与面相互交错重叠，在同一平面层次上，使面与面相互结合，组成新形象（图 2-1-29）。

● 差叠：面与面相互交叠，只现出相叠的部分，不相叠的其他部分被隐去，产生新的形象（图 2-1-30）。

● 透叠：面与面相互交错重叠，重叠处透明，形象前后之分不明显（图 2-1-31）。

● 减缺：一个面的一部分被另一个面所覆盖，两形相减，保留了被减缺后的剩余形象（图 2-1-32）。

● 重叠：面与面套叠成为完全重合的一体（图 2-1-33）。

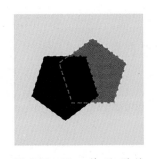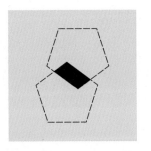

图 2-1-29 单元形的 图 2-1-30 单元形的
　　　　　联合　　　　　　　差叠

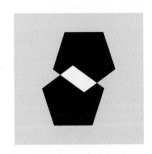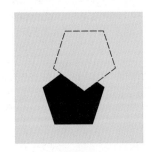

图 2-1-31 单元形 图 2-1-32 单元形的 图 2-1-33 单元形的
　　　的透叠　　　　　　减缺　　　　　　　　重叠

（2）切割组合的造型法

在单元形切割的基础上进行重新排列组合，力求产生有趣味的新图形
（图 2-1-34）。

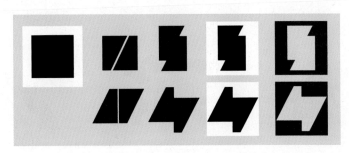

图 2-1-34 单元新切割后重新排列组合

（3）形态组合法

🍃对称：在轴线或中心点的上下、左右配置相同的单元形。对称的组合有以
下 3 种：

相对：指各单元形方向相对排列（图 2-1-35）。

相背：指各单元形方向相背排列（图 2-1-36）。

均衡：指各单元形在图形、色彩上不完全相同，但是两方形象在图形或分量
或色彩上又有相同点，有整体感，排列在一起产生均衡美感（图 2-1-37）。

●旋转：两个以上的基本形改变各自的方向，建立旋转的运动关系（图2-1-38）。

●平衡：将单元形的动势作为视觉的中心，以其重心的平衡感为准则（图2-1-39）。

●错位：将两个以上的单元形，循单线轨迹或多线轨迹，有秩序地错开放置（图2-1-40）。

●扩大：将两个单元形扩大后，再用其他方式进行组合（图2-1-41）。

●放射：用放射与集结的方法组合，形成新的形象（图2-1-42）。

●平移：将单元形沿一个方向平行移动，形成新的形象（图2-1-43）。

（4）单元形的拓展构成

●线状拓展：指将单元形朝同一方向、用同样方法连接起来。单元形的使用并不限于单纯的一列（图2-1-44）。

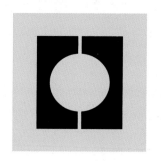

图2-1-35 相对组合

图2-1-36 相背组合

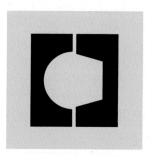

图2-1-37 均衡组合

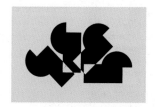

图2-1-38 旋转组合

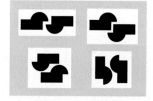

图2-1-39 平衡组合

图2-1-40 错位组合

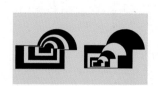

图2-1-41 扩大组合

图2-1-42 放射组合

图2-1-43 平移组合

　　🍂 面状拓展：当单元形向二维方向组合时，可以形成比线状拓展更为丰富的格式，即朝着不同的方向进行线状拓展，就形成了面（图 2-1-45）。

　　🍂 环状结构拓展：将若干个单元形首尾连接，便可形成醒目的环状结构；将经过线状拓展的形加以弯曲，并将首尾两端连接，便可形成具有较大"负形空间"（即画面中空白较多）的环状（图 2-1-46）。

　　🍂 放射状结构拓展：从画面中心开始，向周围外延而得到组合单元形，便形成放射状的结构。这种结构难以形成负形空间（即画面被填实，难以出现空白）（图 2-1-47）。

　　🍂 镜像反射结构的形成：镜像反射结构，指通过镜像反射方式而形成的左右对称的单元形构成。在单元形造型当中，这属于十分严格而规整的造型（图 2-1-48）。

图 2-1-44　单元形
线状拓展

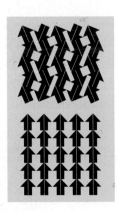

图 2-1-45　单元形
的面状拓展

图 2-1-46　单元形
环状结构拓展

图 2-1-47　单元形
放射状结构拓展

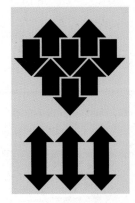

图 2-1-48　单元形
镜像反射

6.骨骼

（1）骨骼的含义

骨骼是平面构成作品中的空间框架。它是依照一定的规律对单元形进行编排，构成特有的排列组合方式。骨骼并不是单元形的外轮廓。

（2）骨骼的作用

骨骼的作用，一是固定每个单元形的位置；二是利用骨骼线将画面分为大小、形状相同或不同的空间，这个空间称为骨骼单位。

骨骼分为规律性骨骼和无规律骨骼两种。

🍃 规律性骨骼：是按照数学方式，有秩序地排列。如重复、近似、渐变、发射等的构成方法，都属于规律性骨骼（图 2-1-49）。

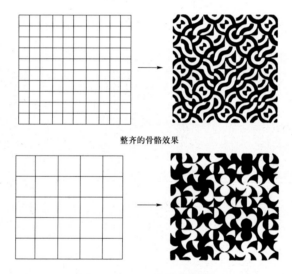

整齐的骨骼效果

图 2-1-49　规律性骨骼

规律性骨骼又分为作用性骨骼和无作用性骨骼：

作用性骨骼：即在固定的空间中，按整体形象的需要去安排单元形，每个单元形须控制在骨骼线内。单元形可在限制范围内相对自由地变化，可以放大、缩小，也可以黑白反转成正负形等（图 2-1-50）。

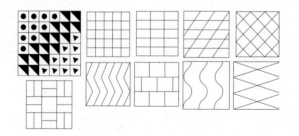

图 2-1-50　作用性骨骼

无作用性骨骼：将单元形安排在骨骼线的交点上。单元形可以在此交点上进行放大、缩小、黑白反转成正负形等各种变化，但不能随意移动。当画面完成后，将骨骼线去掉（图 2-1-51）。

🌱 无规律骨骼：无规律骨骼没有严谨的比例关系，变化各异。形态之间无虚实、大小、轻重等对称关系，而是在空间组合中寻求平衡、均衡（图 2-1-52）。

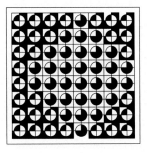

图 2-1-51　无作用性骨骼　　　　　图 2-1-52　无规律骨骼

二、立体构成

1. 三维立体空间

当点、线、面被赋予一定的厚度时，就显现出了三维立体空间的特性。

三维空间中的立体形态是可以被感知的，具有肌理、材质、体量感。三维立体空间的观察角度和视点是不定的，通过物体长、宽、高的变化，可以从多方位、多角度观察空间形态，其形态能够随着人的观察点的变化而变化。

三维空间中的立体有实体和虚体之分。三维空间中的实体是指积极的立体形态。实体的构成要素主要包括：材料、工艺、美学等（图 2-1-53）。根据实体形态的外部特征，可以将实体分为：线材立体、面材立体、块材立体和综合立体四类。虚体是指消极的立体形态，即空间。虚体的实质是被实体所限定的，是具有长、宽、高，但没有材质、色彩、肌理等特征的三维空间，是一种依据实体的存在而被消极感知的空隙。

图 2-1-53　三维实体空间

2. 空间中的线材构成

线材本身不具备占据空间表现形体的功能，但当线材排列、集合于面时，就会相对密集，表现出面的效果。线材疏密的间隔跳跃，可形成节奏；疏密的渐次排列，则可形成韵味。当我们将线排列形成的面加以围合，形成封闭空间的形式，这样的线材构成就形成了空间立体。

线材构成又分为软质线材构成和硬质线材构成两类。

软质线材有：化纤、棉、麻、丝等软线，其他如铁丝、铜丝、铝丝等质地较软的金属线材也都属于软质线材类。

硬质线材构成常用的材料有：木条、金属条、玻璃柱（管）等具有一定强度的线材，在构成前可按照构思确定好支撑框架或构成的单元，并将每个单元按一定的原则组合起来，形成一件结构合理并具有一定美感和情趣的作品。

三维立体空间中的线材排列能够使人产生层次感、延伸感和空间感。在三维立体空间中使用线材进行造型，不仅要注意结构，还要注意线与线之间的间隙，使得创造出的作品富有层次感和韵律感。

3．空间中的面材构成

面作为构成空间的基础之一，具有强烈的方向感，面的不同组合方式可以构成千变万化的空间形态。面在空间形态上可分为平面和曲面两种形态，平面有规律平面和不规律平面（图 2-1-54），曲面有规律曲面和不规律曲面（图 2-1-55）。

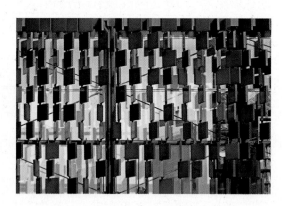

图 2-1-54　规律平面的直线排列　　　　图 2-1-55　规律曲面的排列

面是线移动的轨迹，并有长与宽的幅度感。用面材构成的空间立体造型，介于线材和块材之间，其特点为，对空间的限定比线材强烈、明确，但比块材相对弱些。我们在日常生活中常接触的轿车和冰箱等，就是用面围成的具有内在空间的立体造型。

用作立体造型的面材很多，如白板纸、吹塑纸、有机玻璃板、三合板等。做课堂练习时，从经济、实用及加工的便利性等方面考虑，多选用白板纸、吹塑纸、三合板等。

面材的立体构成多为板材的组合构成，是由具有长度和宽度的二维空间面材构造而成的立体造型。面材比线材更具灵活性、功能性及可塑性。

4. 块材立体构成

块材，具有长度、宽度和厚度，有明显的分量感和体积感，具有厚重、坚实、稳定的视觉和心理效应，广泛运用于工业品造型设计和雕塑领域（图 2-1-56）。

图 2-1-56　块材的单体组合

三、色彩构成

色彩有三个元素：色相、明度、纯度。依据一定的规律，将三种元素组合运用，以达到创作或设计的预想结果，这一创作过程即为"色彩构成"。

1. 色彩常识

（1）光与色

🍃光源：必须通过光线才可以观察到色彩。光源有自然光与人造光。自然光主要是太阳光，人造光如灯光、烛光等。不同的光源会使色彩呈现不同的效果，其中太阳光呈白色的混色光（图 2-1-57），日光灯的光有偏蓝绿之感，蜡烛光则偏红橙色。正常观察与研究色彩则依靠太阳光。

●光谱：通过棱镜片太阳光被折射成红、橙、黄、绿、青、蓝、紫，这一顺序的排列称为"光谱"。

●色谱：在学习的过程中使用水性颜料的水彩色、水粉色，将颜料有规律地排列成红、橙、黄、绿、蓝、紫，称为"色谱"。

（2）色彩的三元素

色彩的三元素指色相、明度与纯度，是色彩的三种属性，相对独立又相互关联、制约。

●色相：是人们看见的色彩的样子。色相可用光谱表示，光谱中的红、橙、黄、绿、蓝、紫为基本色相。玫瑰红、大红、朱红、橘红则为特定色相。色相按照顺序排列成环状，称为色相环，形成循环的色彩关系，图2-1-58中显示的是十二色相。

●明度：明度指色彩的明暗程度。将黑、白作为两个极端，中间分成若干等差的灰色色阶，靠近白端的为高明度色，靠近黑端的为低明度色，中间部分是中明度色（图2-1-59）。每一种色彩都有与其相一致的明度关系，黄色的明度最高，紫色的明度最低（图2-1-60）。

●纯度：纯度指色彩的纯正度、鲜艳度，又称为饱和度、彩度。当一个颜色调入其他色，该色彩的纯度将变低。大红色和与之明度相同的灰色相调，调出从大红到灰色均匀过渡的色带，靠近大红色一端为高纯度色，靠近灰色一端为低纯

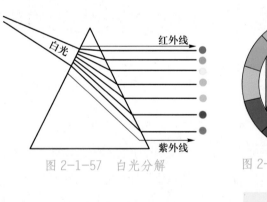

图2-1-57 白光分解

图2-1-58 十二色相环

图2-1-59 白色到黑色的明度渐变

图2-1-60 黄色与紫色明度对比

度色，中间部分是中纯度色。

2. 色彩的对比

两种或两种以上的色彩同时存在，彼此之间有着较为明显的差异，即对比关系。色彩对比的种类很多，是使画面丰富生动的基本手段。

（1）色相对比

色相对比是将两个以上的不同色相进行的比较。进行色相对比时，用纯度较高的色相并置，能够达到较理想的对比效果（图 2-1-61）。

图 2-1-61　色相对比

（2）明度对比

因色彩明度的差别而形成的对比关系称为明度对比。明度对比有三类：① 强对比：这种对比关系反差大，视觉效果强；② 中对比：对比关系适中，视觉效果平和；③ 弱对比：对比关系中明暗反差小，视觉效果模糊。图 2-1-62 中，左上角小格、中间小格、右下角小格，分别显示出以上三类对比。

图 2-1-62　明度对比

（3）纯度对比

因色彩纯度差别而形成的对比关系，称为纯度对比。纯度对比就是纯色与加了灰的纯色的比较（图 2-1-63）。所谓含灰即是纯色加入其他色后形成的颜色。

（4）面积对比

色彩所占面积的大小不同，给人的视觉效果也是不一样的。两种对比色彩面积接近，形成相互抗衡力，其对比效果最为强烈。反之，两种对比色彩面积悬殊，一种色彩面积大，形成主导，两种色彩的对比效果相对弱（图 2-1-64）。

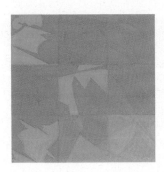

图 2-1-63　纯度对比　　　图 2-1-64　面积对比

（5）冷暖对比

颜色的冷暖更多是来自人对光的体验。不同颜色的光的波长（色相）是不同的，紫光波长最短，红光波长最长。长波系列的色彩有温暖的感觉。短波系列的色彩有凉爽的感觉。例如红、橙、黄色让人联想到太阳、火、烛光，是典型的暖色；而绿、蓝色让人联想到大海、湖水、蓝天，是典型的冷色（图2-1-65）。

图2-1-65　暖色与冷色对比

3. 色彩的调和

为表现同一主题，将两个或两个以上的色彩组合置于同一视野，并使之统一、和谐，具有秩序感，称为色彩调和。任何色彩的调和都应追求色彩的协调感，使整个画面统一和谐。协调的色彩给人以完美的感受，可吸引人们长时间地欣赏；置身于色彩协调的环境中，会使人心情舒畅（图2-1-66）。

（1）运用同类色

图2-1-66　毕加索绘画中调和色的应用

同类色具有相同的主导色彩，是统一的色调，配置在一起非常协调。为避免画面单调，应增加它们之间的明度或纯度的对比。

（2）运用近似色

近似色互相之间具有对方的色彩成分，因而成为协调的组合。近似色比同类色的效果生动，色彩之间会形成微弱的冷暖对比。

（3）运用低纯度的颜色

低纯度的颜色组合使得整个画面具有朦胧、含蓄的色调，随意地选择色彩都可以协调。在纯色中加入白色、灰色或黑色，都能降低色彩的纯度（图2-1-67）。

（4）连贯、统一、调和

用其他色彩勾边、衬底来协调画面，这种方法的特点是既不降低色彩的纯度，同时又协调了画面，并保持色彩的明亮、醒目。这是民间美术常用的方法（图2-1-68）。

（5）调入相同色

在所使用的颜色中均调入同一种色，如深褐色或灰绿色，由于所有的颜色具备了同一性，因而达到协调的视觉效果。

图 2-1-67　对比强烈的　　图 2-1-68　连贯、统一、
纯色分别加入白、黑、灰　　　　　　调和
后产生的调和画面

4．色彩的知觉

（1）色彩的空间感

🍃色彩的扩张与收缩：一般而言，暖、浅、亮的色彩有扩张感；而冷、暗的色彩有收缩感。这是一种由色彩所唤起的空间上的关联感觉（图 2-1-69）。

🍃色彩的进退感

同等明度下，色彩的纯度越高，给人的感觉是越靠近；纯度越低，则越远离（图 2-1-70）。

图 2-1-69　暖色扩张、冷色收缩　　图 2-1-70　高纯度前进，低纯度
后退

处于同一距离上的不同色彩，也会造成不同深度印象，即有的色彩有"抢前"的趋势，而另外一些色彩则有"后退"的趋势。一般来说，进退感对比最强烈的色彩组合，是互补色关系。在"红－绿""黄－蓝"和"白－黑"这三组两极对立的色彩组合中，红、黄、白会表现出十分突出的抢前趋势，而绿、蓝、黑则明显地退缩为前者的背景（图 2-1-71，图 2-1-72）。

图 2-1-71　三组对比色红、黄、白抢前　　图 2-1-72　黄蓝并置则黄色"抢前"

除上面提到的纯度、互补色（或对比色）对比条件外，在明度对比中，亮色为进，暗色为退；在饱和度对比中，高饱和度色是前进色，低饱和度色是后退色；在彩色系与非彩色系对比中，前者是前进色，后者是后退色（图2-1-73）。

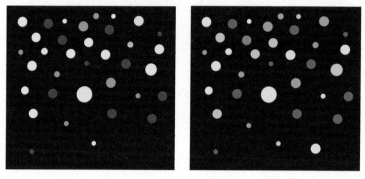

图2-1-73　亮色前进，暗色后退

（2）色彩的重量感

深色给人一种结实沉重的感觉，浅色则给人以轻浮的印象。许多蓬松的物体，如天上的云、液体中的泡沫和棉花，都是色浅而轻。

（3）色彩的兴奋与冷静

一般说来，暖色较易引起心理的亢奋和积极性，属于兴奋色，其中以朱红色最具兴奋作用，其他明度、纯度较高的颜色如黄色、橙黄色等也都具有煽动性，倾向于兴奋色。

冷色具有压抑心理亢奋的作用，令人消极、沉静，属于冷静色，其中以蓝色最具清凉、沉静的作用。另外明度、纯度较低的颜色，也都偏向消极、镇静的作用，倾向于冷静色。

（4）色彩的华丽与朴实

明度高、纯度也高的色彩显得鲜艳、华丽，纯度低、明度也低的色彩显得朴实、稳重，运用两者，可渲染出不同的艺术效果。

能力培养

一、平面构成、立体构成在公园设计中的应用——以法国拉维列特公园为例

　　本案例是通过分析法国拉维列特公园的平面构成、立体构成，体会设计师是如何运用设计原理来组合各种园林元素及原有地貌，从而达到便利、美观、宜人的整体设计目标的。

　　拉维列特公园是 20 世纪 80 年代法国总统密特朗在任期间，为纪念法国大革命 200 周年而在巴黎建设的九大工程之一。当时法国政府为此组织了一场公开的国际竞赛。公园的建造目标是：一个属于 21 世纪的、充满魅力的、独特并且有深刻思想意义的公园。最终伯纳德·屈米（Bernard Tschumi，1944—　）的设计方案得到认可。拉维列特公园诞生的时代，正值法国园林复兴运动的初期。在这样的背景下，不论是拉维列特公园的业主还是设计师屈米，都意在创造一个与以往园林风格大不相同的作品，一个 21 世纪公园的样板。

　　公园占地面积 33 hm²，是巴黎市区内最大的公园。公园位于巴黎的东北角，位置并不靠近市中心，但是有多条地铁和公交线路到达，公园南北都有站点，交通比较通达（图 2-1-74）。1974 年以前，这里还是一个有百年历史的大市场，当时的牲畜及其他商品就是由横穿公园的乌尔克运河运送。

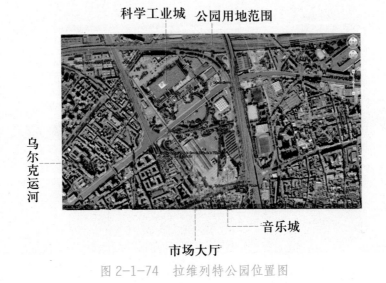

图 2-1-74　拉维列特公园位置图

为了处理这个方案的不确定性与复杂性，公园被屈米用点、线、面三种要素叠加，相互之间毫无联系，各自可以单独成一系统，每个系统都在公园中扮演一定的角色（图 2-1-75、图 2-1-76、图 2-1-77）。

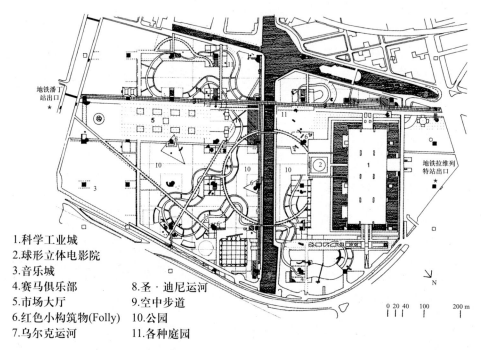

地铁潘丁
站出口
*

地铁拉维列
特站出口

1.科学工业城
2.球形立体电影院
3.音乐城
4.赛马俱乐部　　8.圣·迪尼运河
5.市场大厅　　　9.空中步道
6.红色小构筑物(Folly) 10.公园
7.乌尔克运河　　11.各种庭园

N

0 20 40　100　　200 m

图 2-1-75　拉维列特公园平面图

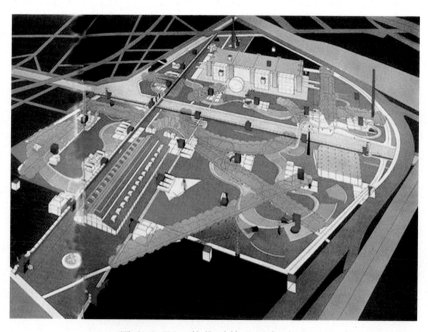

图 2-1-76　拉维列特公园鸟瞰图

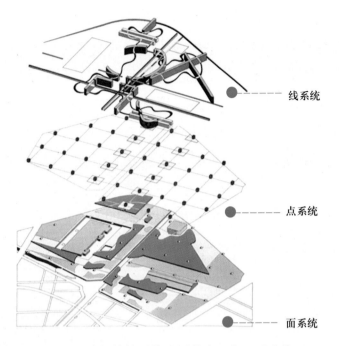

线系统

点系统

面系统

图 2-1-77　拉维列特公园的点、线、面系统

（1）空间第一层——面系统

对于游乐场和露天音乐广场所需要的大型开放空间，屈米用了面的组织方式来表达。这是空间的第一层。这个体系由 10 个象征电影片段的主题园和几块形状不规则的、耐践踏的草坪组成，以满足游人自由活动的需要。面的要素就是 10 个主题园，包括镜园、风园、水园、葡萄园、竹园、音响圆厅、恐怖童话园、少年园、龙园等。10 个主题园的设计风格迥异，毫不重复，彼此之间有很大的差异感和断裂感（图 2-1-78）。

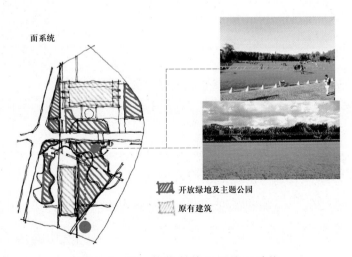

面系统

开放绿地及主题公园
原有建筑

图 2-1-78　拉维列特公园的面系统

（2）空间第二层——线系统

　　第二层为线性体系，线性体系构成了全园的交通骨架，它由两条长廊、几条笔直的种有悬铃木的林荫道、中央跨越乌尔克运河的环形园路和一条称为"电影式散步道"的流线型园路组成。东西向及南北向的两条长廊将公园的主入口和园内的大型建筑物联系起来，作为公园的轴线，同时强调了运河景观。长廊波浪形的顶篷使空间富有动感，打破了轴线的僵硬感。长达 2 km 的流线型园路蜿蜒于园中，成为联系主题花园的链条。园路的边缘还设有坐凳、照明等设施小品，两侧伴有 10 ～ 30 m 宽度不等的种植带，以规整式的乔、灌木种植起到联系并统一全园的作用（图 2-1-79）。

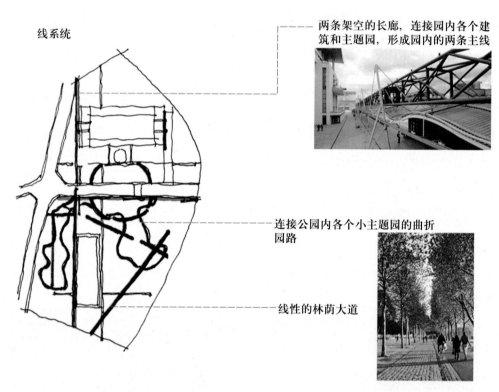

线系统

两条架空的长廊，连接园内各个建筑和主题园，形成园内的两条主线

连接公园内各个小主题园的曲折园路

线性的林荫大道

图 2-1-79　拉维列特公园的线系统

（3）空间第三层——点系统

　　第三层为点系统，也是拉维列特公园最具标志性的构筑物。园内由 120 m×120 m 的网格相交，每个交点设立一个 10.8 m×10.8 m 的红色构筑物，屈米称之为 folly。这 26 个构筑物构成了园内的点系统。26 个鲜红的构筑物除了作为标志点和某些特殊功能外，里面还安排了许多活动，可作为信息中心、小饮食店、咖啡吧、手工艺室、医务室之用。这些采用钢结构的红色构筑物给全园带来

明确的节奏感和韵律感，并与草地及周围的建筑物形成十分强烈的对比，因而非常突出。这些造型各异的红色"疯狂物"以 10 m 见方的空间体积为基础进行变异，从而达到既变化又统一的效果。"疯狂物 folly"有的与公园的服务设施相结合而具有了实用的功能；有的处理成供游人登高望远的观景台；那些与其他建筑物恰好落在一起的"疯狂物"，则起着强调其立面或入口的作用；剩余的是无实用功能的、雕塑般的添景物（图 2-1-80）。屈米不仅以这些小尺度的红色构筑物书写着 20 世纪的建筑发展史，同时也给 20 世纪的景观发展史写下了特别的一页。

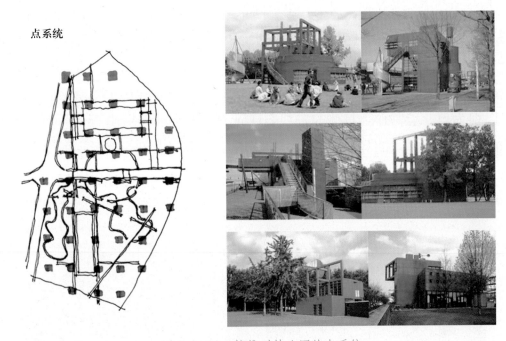

图 2-1-80　拉维列特公园的点系统

公园是点、线、面三个全然不同的系统的叠合，每个系统都完整有序，但重叠起来就会相互作用。它们的相遇可能造成彼此冲突，可能相得益彰，也有可能相安无事。

拉维列特公园深受解构主义哲学影响，它的构图方式让人印象深刻。严谨的点、线、面三个系统的构图方式不同于其他的景观设计。公园没有传统的轴线序列，没有控制全园的中心，打破了传统的造园手法，空间中一系列不确定的元素带给在其中游览的人们连续的戏剧化体验。

二、分析点、线、面在园林景观中的应用

从现代园林景观的几何构成特征来说，景观主要包括景点、路线、区域三部

分。从美学的角度出发，景观设计主体——"空间"可以简化为点、线、面元素来理解，即点、线、面基本要素的组合。在景观设计中，点、线、面是形象的基本形式，是构成视觉空间的基本元素，是表现视觉形象的基本设计语言。点、线、面的美学特征直接反映了园林景观的艺术形式；景观设计实践活动可以归结为点、线、面元素及艺术形式法则在景观设计实践活动中的运用，即平面构成在景观设计实践中的运用。平面构成是从形式与组织方法两个方面来表现造型规律的。

（1）点在景观设计中的应用

点常常会成为人的视觉中心，在平面设计中，点是非常重要的设计元素之一。任何形状的物体在无限缩小后都会成为一点，所以任何形状的物体都可以理解为点。

在景观设计中，点的应用非常广泛。小到景观中的一块石头，大到一个建筑，都可以视为点。点常作为具体的景观表现元素，颐和园特置山石青芝岫，作为庭园中的主景，就是点的具体应用（图2-1-81）；一个圆点可能表示一棵树，无论是孤植（图2-1-82）、对植（图2-1-83）还是丛植（图2-1-84），都可以用点来表示；园林中的景观，如置石、喷泉、雕塑、树池、花坛、亭、花架、纪念碑等建筑都

图2-1-81　颐和园青芝岫

图2-1-82　孤植的乔木成为广场中
最吸引人的"点"

图2-1-83　对植的乔木构成对称的"点"

图2-1-84　三株树丛构成不等边
三角形的三个"点"

可以看作点（图 2-1-85 至图 2-1-87）。再如，绿篱排列、行道树排列就是同间隔点的排列组成。水景设计中，湖中小岛相对湖来说又何尝不是一个值得研究的点，它的位置、面积大小变化会对整体布局的重心、构图有很大的影响。

图 2-1-85　喷泉成为景观中的"点"

图 2-1-86　广东粤晖园的雕塑为水景　　　图 2-1-87　亭子成为假山上的"点"
　　　　　中的"点"

（2）线在景观设计中的应用

线在园林设计总体布局上体现轴线关系、对称均衡。园林设计中的线包括植株、铺装或建筑小品等以线的形式排列，例如：绿篱、行道树、坐凳的线形排列。三维线形在园路设计应用得最多。线在景观中有直线、曲线、折线三种形式。

🍃 直线的应用：直线坚硬、刚直、明快，线条的粗细还能反映出力量、速度等特征。直线包括水平线、垂直线、斜线和折线。在景观设计中，直线具有很强的导向性，例如景观中的道路就是应用最广泛的线型应用。运用直线的设计，显得强劲有力、大方，直线最容易与建筑物的轮廓线相融合，例如法国古典园林凡尔赛宫的园路就运用了大量的直线（参见图 1-2-39）。彼得·沃克设计的剑桥屋顶花园，平面上以紫色砂石做底，中心部分用淡蓝色预制混凝土方砖以网格点缀，东西两侧布置带状花坛，以水平线、斜线、垂直线为造型要素交错组织成一幅几何线条画面（图 2-1-88）。

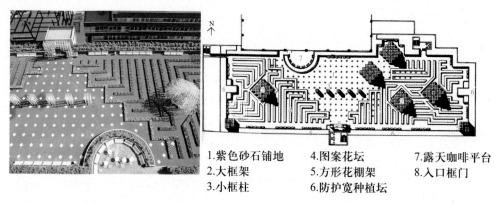

1.紫色砂石铺地　　4.图案花坛　　7.露天咖啡平台
2.大框架　　　　　5.方形花棚架　8.入口框门
3.小框柱　　　　　6.防护宽种植坛

图 2-1-88　剑桥屋顶花园的直线应用

　　修剪整齐的绿篱（图 2-1-89、图 2-1-90）、人工水渠（图 2-1-91）、廊道、游廊、爬山廊等，也常运用直线造型。点的线化可构成直线，如图 2-1-92 中由各圆环形成的水台阶，引导一线水流倾入底部水池中；点状喷头喷出线形水流，使景观顿时生动起来（图 2-1-93）；行道树排成一列，像卫士护卫着行人，更是街边常见的景色（图 2-1-94）；无数水滴形成瀑布，也是直线的运用（图 2-1-95）。

图 2-1-89　花篱与园路都运用了直线

图 2-1-90　雕塑背景的绿篱运用了直线

图 2-1-91　人工水渠运用了直线

图 2-1-92　水台阶运用了直线

图 2-1-93 点状的喷头按直线排列

图 2-1-94 行道树是点的线化

图 2-1-95 线状的瀑布

　　🍃曲线的应用：曲线具有一定的柔美感，通常给人以优雅、流畅、轻快、活泼、柔软的感觉，在自然景观中能很好地协调各景观元素。曲线有几何曲线和自由曲线两种形式。几何曲线的规律性强，有圆弧、抛物线、双曲线等线型；自由曲线则更加灵活。中国古典园林尤其是江南古典园林的设计中，曲线的应用可谓是经典至极，曲折迂回的园路，蜿蜒的溪流、驳岸，曲径通幽的竹林，将园林的婉约、幽深体现得淋漓尽致（图 2-1-96、图 2-1-97）。

　　西方古典园林的刺绣花坛（图 2-1-98）、现代园林植物组成的模纹图案也是对曲线的运用（图 2-1-99）。

　　🍃折线的应用：折线是把原本在同一方向上的线改变一个方向继续延伸。不同的转折角和转折方式极大地丰富了道路的动态，既可使人在行走过程中体会到韵律感，又可改变视觉观感，获得观赏的愉悦。道路旁的景观花池、花台，折线的造型可摆脱以往花池、花台的简单平直的生硬造型，而凸显生动活泼的个性（图 2-1-100）。

图 2-1-96　蜿蜒曲折的
小溪

图 2-1-97　自然式水池的驳岸曲线

图 2-1-98　西方园林刺绣花坛中曲线
的运用

图 2-1-99　现代园林彩篱组成的曲线

图 2-1-100　折线造型的花池

（3）面在景观设计中的应用

面的合理应用，能够突出主题，具有很强的视觉冲击力，在园林设计中运用非常普遍。例如绿地中不同种类的植物形成不同质感的平面，不同色彩偏向形成不同的色面。面还常运用到绿地、草坪、绿墙、铺装等处。

面在景观设计中按构成要素划分，可分为植被、水体（如水池、湖泊、瀑布）、广场等。水面、地面构成水平的面，景墙、绿墙、瀑布构成垂直的面（图 2-1-101 至图 2-1-103）；点的面化（图 2-1-104）、线的面化（图 2-1-105）都能营造出美妙的景观。

图 2-1-101　绿墙构成
的垂直面　　图 2-1-102　人工瀑
布构成的垂直面　　图 2-1-103　水帘构成的
垂直面

图 2-1-104　喷头（点）的面化　　　图 2-1-105　喷水（线）的面化

从几何形体来看，面又有圆形、方形、自由形之分：

🍃 圆形的应用：圆形在景观设计中具有"内守""浑然""张力"的特征。圆形的魅力在于它的简洁性、统一感和整体感，也象征着运动和静止双重特性。圆形由于其形状的完美，往往会使设计略显呆板，因此在景观设计中经常看到椭圆形的广场、树池、花坛，打破圆形带来的缺少变化的遗憾，使原本安静的广场、树池、花坛有了动态的趋势。例如玛莎·施瓦茨设计的拼合园，使用了大量的圆形（图 2-1-106），使场地有种浑然厚重感。

🍃 方形的应用：方形给人一种大方、单

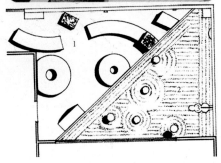

图 2-1-106　拼合园

纯、庄严的规律感，古典园林景观中，方形应用得比较多，特别是在皇家园林中。然而正方形四边相等，缺乏变化，会产生单调乏味感，因此人们更习惯用长方形。长方形具有平稳、单纯、安定、整洁、规律之感，符合黄金分割比例的矩形更富于美感。矩形也是最简单和最有用的设计图形，它同建筑原料形状相似，易于同建筑物相配。在建筑物环境中，正方形和矩形或许是景观设计中最常见的组织形式，原因是这两种图形易于衍生出相关图形（图 2-1-107、图 2-1-108）。

图 2-1-107　景观中方形的应用

图 2-1-108　景观中长方形水池的应用

🍃 自由形的应用：自由形是由不规则的曲线及直线组合而成的，灵活感大于几何形，理性成分少，更具有人情味。自由形因具有洒脱性和随意性，深受人们的喜爱。正是自由形的存在，才使现代景观设计拥有了除规则形以外更丰富的设计语言，有了创新的依据。例如托马斯·邱奇设计的唐纳花园中的自由形水池（图 2-1-109）。

图 2-1-109　唐纳花园中的自由形水池

随堂练习

1. 绘制一幅平面构成作品

用 25 cm 见方的白纸板，用铅笔在上面画出草图，尺寸 20 cm×20 cm，用勾线笔填色（可选择图 2-1-110 中的一幅放大，也可自行设计一幅平面构成作品）。

图 2-1-110　平面构成作品

2. 作十二色相环

参照图 2-1-58，作一幅尺寸为 20 cm×20 cm 的十二色相环。

3. 绘制两幅色彩构成作品

（1）两色混合调和练习

准备一张长形白纸板，画一宽 3 cm、长 20 cm 的长方形，并以 2 cm 的等距画出 8 个小格，自行选择两种纯色，分别置于两端，然后将两纯色由两侧到中间、由轻到重互混后，依次填入余下的空格中。

取 25 cm 见方的白纸板，用铅笔在上面画出草图（图形最好是渐变的形式）。

将前面调好的两种互混色，根据图形所表现的层次填入其中，这两种互混色调和的色彩容易协调，具有神秘感（图 2-1-111）。

图 2-1-111　两色混合调和

（2）多色调和练习

取 25 cm 见方的白纸板，用铅笔在上面画出草图。

假如设计时要用到玫红、蓝、绿、淡绿、紫这几种较纯的色彩，则还可以在这几种色彩的基础上再调出灰红、灰蓝、灰绿、灰紫的一组相应的灰色调。

把这两组颜色分别填在画面中，画面就变得谐调一致了，如图 2-1-112。

图 2-1-112　多色调和示例

任务 2.2　园林布局与艺术构图

任务目标

知识目标：1. 理解园林内容与形式的关系。

2. 熟记园林布局的基本形式及不同特征。

3. 了解园林风格的形成。

4. 理解园林艺术构图法则及应用。

技能目标：1. 能够辨别规则式园林与自然式园林的主要特征。

2. 能够分析园林中各种构图法则的应用。

知识学习

一、园林布局形式与园林风格

1. 园林内容（立意）与形式（布局）的关系

此处所指的园林内容，是园林设计的指导思想或主题思想、风格，也叫立意；也指园林内在各要素的总和。园林构成要素包括以下几类：

（1）植物及其他生物

自然界往往是动物、植物共生共荣构成的生物生态景观。植物是园林设计中富有生命的题材。植物要素包括乔木、灌木、藤生（攀缘植物）、花卉、草坪地被、水生植物等，植物组成的四季景观，植物本身的形态、色彩、芳香、习性等都是园林造景的题材。除植物外，动物也常被当作造景因素，如观鱼游、听鸟鸣，莺歌燕舞、鸟语花香为园林景观增色不少，利用动物规划景观，如花港观鱼、柳浪闻莺等，都是生动的案例。

（2）地形

地形是构成园林的骨架，主要包括平地、水体、土丘、丘陵、山峦、山峰、凹地、谷地、坞、坪等。水体是地形组成中不可缺少的，有湖、溪、池、喷泉、瀑布等，水声、倒影也是园林水景的重要组成部分，水体还可形成堤、岛、洲。

（3）建筑

根据园林设计的立意、功能要求、造景等需要，要考虑适当的建筑和建筑组合，同时考虑建筑的体量、造型、色彩及与其配合的假山、雕塑、园林植物、水景等要素的安排，并要求精心构思，才使园林中的建筑起到画龙点睛的作用。

（4）广场与道路

广场和道路系统构成园林的脉络，并起到园林中交通组织、联系的作用，广场与道路、建筑的有机组织，对园林形式的形成起决定作用。

（5）园林小品

园林小品一般包括雕塑、山石、壁画、花窗、门洞、隔断、园灯、铺地、花池、栏杆、喷泉、座椅、摩崖石刻、湖边的汀步等内容，是园林构成不可缺少的组成部分，可使园林景观更富于表现力。园林小品也可以单独构成专类园林，如雕塑公园、假山园等。

园林形式，称为布局，即为反映园林内容所采用的表达方式。园林规划布局，即在园林选址、构思立意的基础上进行平面和立体上的、赋予一定意境的构图创作，其内容包括选取、提炼题材，确定采用的园林类型，酝酿并确定主景、配景，功能分区，布置游览路线等。

园林设计的过程是在相地、立意的基础上进行布局、组织和划分功能分区，并设置景点和游览路线的过程。相地、立意、布局是园林创作过程中不可分割的有机整体，三者的关系是：

🍃 相地是园林成败的关键，所谓"相地合宜，造园得体"。古代指的"相地"，即选择园址。随着社会的进步和城市建设的发展，当代将城市规划过程中不宜作为居住区或其他开发的地段，确定作为城市绿化用地。在园林设计工作中，要"因地制宜"，合乎地形骨架的规律，才能达到"构园得体"的目的。

🍃 "造园之始，意在笔先"，立意是布局的前提，立意是通过园林布局得以实现的。

🍃 布局是立意存在的方式，立意决定布局，布局反映立意。

总之，内容与形式之间是矛盾的统一体，没有无形式的内容，也没有无内容的形式，园林的内容决定其形式，园林的形式依赖于内容的表达。园林设计者就是要充分利用好两者的关系，将植物、地形、建筑、广场与道路、园林小品等要素有机组合,构成一定的园林形式,来表达某一主题思想,才能做到"园以景胜,景因园异"。

2. 园林布局的基本形式

园林布局形式是为园林绿地性质、功能服务的,是为了表现园林的内容。它既是空间艺术形象,同时又受着自然条件、造园材料、工程技术和各民族、各地区的历史居民爱好、习惯等因素的影响。古今中外园林的布局形式大致有三种:

（1）规则式园林

规则式又称整形式、几何式、建筑式,这类园林的布局采用几何图案形式。根据有无中轴线又分为规则对称式园林和规则不对称式园林。规则对称式园林有明显的中轴线,整个平面布局、立体造型以及建筑、广场、道路、水面、花草、树木等都要求严整对称（图 2-2-1）;规则不对称式园林无明显的中轴线,不要求严整对称,其规划布局也为几何图案形式（图 2-2-2）。规则不对称式比规则对称式构图更加活泼,在现代园林中应用较广泛。

图 2-2-1　规则对称式园林规划布局

图 2-2-2   规则不对称式小游园平面布局

形成规则式园林布局，是由于受到历史传统、哲学思想或生产水平的影响。早期的规则式园林源于生产园圃或简单的庭院，成行栽植和直线型灌渠最为方便、省力、节约。中国传统的寺庙、陵园、宅邸主要部分以及皇家园林中处理朝政的部分也都采用了规则式的布局，以显示其端正、严肃的气氛。17世纪，西方受到笛卡儿唯理哲学思想的影响，按照理性主义的原则，强调人的意志，形成了规则式园林布局，直到18世纪英国出现风景式园林之前，西方园林大都是规则式布局，其中以文艺复兴时期意大利台地园和17世纪法国园林为代表。规则式园林给人以庄严、雄伟、整齐之感，现一般用于纪念性园林或有对称轴线的城市广场（或建筑庭园）中。

（2）自然式园林

自然式又称风景山水式，它以模仿、再现自然为主，不追求对称的平面布局，立体造型及园林要素布置均较自然和自由，相互关系较隐蔽含蓄。地形高低起伏，形成有宽窄变化的道路，弯曲蜿蜒；池岸迂回转折；植物配置采用自然林、丛团和散落的单株相结合，形成大小各异的空间，展现出自然美。自然式园林是通过对自然景观的提炼和艺术的加工，再现出高于自然的景色，它可以满足人们向往自然、寓身自然的审美意识。我国园林，无论大型的帝皇苑囿还是小型的私家园林，多以自然山水园林为主（图2-2-3）。英国18世纪以后出现了创造乡村风光的风景式园林，这是西方建造自然式园林的开始，并迅速影响整个西方造园风格。自然式园林较适合有山有水、地形起伏的环境，以含蓄、幽雅、意境深远见长。

图 2-2-3 自然式园林规划布局平面

规则式园林与自然式园林在总体布局和各造园要素的处理上都具有鲜明的特征，有明显不同，见表 2-2-1。

表 2-2-1 规则式园林与自然式园林特征比较

内容	规则式	自然式
总体布局	布局采用轴线法，特征是：由纵横两条垂直的直线组成控制全园构图的"十字架"，再由两主轴线派生出若干次要的轴线，或相互垂直，或呈放射状，一般组成左右、上下对称，图案性十分强烈（图 2-2-4）	布局一般采用山水法，特征是：把自然景色和人工造园艺术（包括各造园要素的改造）两者巧妙结合，达到"虽由人作，宛自天开"的效果
地形地貌	在平原地区，由不同标高的水平面及缓坡倾斜的平面组成；在山地及丘陵地，由阶梯式的大小不同的水平台地、倾斜平面和石阶组成。其剖面均为直线	平原地带，利用自然起伏的缓地形与人工堆置的若干自然起伏的土丘相结合，其断面为缓和的曲线；在山地和丘陵地，则利用自然地貌，除建筑和广场基地以外，不做人工阶梯形的地形改造（图 2-2-5）
水体	外形轮廓均为几何形，多采用整齐式驳岸，园林水景的类型以整形水池、壁泉、喷泉、整形瀑布及运河等为主，常以喷泉作为水景的主题（图 2-2-6）	外形轮廓为自然曲线，堤岸为各种自然曲线的倾斜坡度，如有驳岸，亦为自然山石驳岸。水景类型以溪涧、河流、涌泉、自然式瀑布、池沼、湖泊（图 2-2-7）等为主，常以瀑布为水景主题

续表

内容	规则式	自然式
植物	园内花卉布置用以图案为主题的模纹花坛和花带为主，有时布置成大规模的花坛群；树木配置以行列式和对称式为主，并运用大量的绿篱、绿墙来划分和组织空间（图2-2-8），树木整形修剪以模拟建筑形体和动物形态为主，如绿柱、绿塔、绿亭、绿门和用常绿树修剪而成的鸟兽等	花卉布置以花丛、花群为主；树木配置以孤植树、树丛、树林为主，以自然的树丛、树群来划分和组织空间；树木一般不作规则式整形；植物种植反映自然界植物群落的自然美（图2-2-9）
建筑	园林中不仅单个建筑采用中轴对称均衡的设计，建筑群和大规模建筑组群的布局，也采取中轴对称均衡的手法，以主要建筑群和次要建筑群形式的主轴和副轴控制全园（图2-2-10）	园林内个体建筑为对称或不对称均衡布局，其建筑群和大规模建筑组群，多采取不对称均衡的布局。全园不以有形的轴线控制，而以主要导游线构成的连续构图控制全园（图2-2-11）
广场和道路	园林中的空旷地和广场外轮廓均为几何形，封闭性的草坪、广场空间，以对称建筑群或规则式林带、树墙包围；道路均由直线、折线或几何曲线组成，构成方格形（或环状放射性）的中轴对称或不对称几何布局	园林中的空旷地和广场外轮廓均为自然形式，以不对称的建筑群、土山、自然式的树丛和林带组织空间；道路平面为自然曲折的平曲线，道路剖面由自然起伏的竖曲线组成
其他景物	采用盆树、盆花、瓶饰、雕像为主要景物，雕像的基座为规则式，雕像位置多配置于轴线的起点、终点或交点上（参见图2-2-10）	多采用山石、假山、桩景、盆景、雕刻为主要景物，雕像的基座为自然式，雕像位置多配置于透视线集中的焦点（图2-2-12）

图2-2-4　规则式园林布局

图2-2-5　自然式园林的地形地貌

（3）混合式园林

混合式园林是按不同地段和不同功能的需要，综合规则式与自然式两种类型的特点，有机结合而成的。这种形式既可发挥自然式园林布局设计的传统手法，又能汲取西方规则式布局的优点，既有整齐明朗、色彩鲜艳的规则式部分，又有丰富多彩、变化无穷的自然式部分，两者对比相得益彰。这种园林的空间形式，

图 2-2-6   规则式园林的水体

图 2-2-7   自然式园林的湖面

图 2-2-8   规则式园林的植物种植

图 2-2-9   自然式园林的植物种植

图 2-2-10   规则式园林的建筑和雕塑

图 2-2-11   自然式园林的建筑

在应用中要注意不同特点区域之间的过渡与联系，使整个环境融为一体；要避免突然变化，在设计中可以通过设置过渡空间或利用某些园林要素、园林景点的呼应形成恰当的过渡与联系（图 2-2-13）。

图 2-2-12   自然式园林中的雕塑

图 2-2-13　混合式园林规划布局平面

　　在做园林规划设计时，选用何种类型不能单凭设计者的主观愿望，而要根据建园意图、功能要求、基地环境和客观条件等情况综合而定。所以在设计布局前要对这些情况做详细的现场调查，充分利用原有的地形地貌加以适当的改造，同时，园林规划布局要体现时代精神、民族特色和地方风格，要不断地推陈出新。

3．园林风格的形成

　　园林风格是指反映国家民族文化传统、地方特点和风俗民情的园林艺术特征和时代特征，体现在园林的内容（立意）和形式（布局）上，可以形成以下园林风格：

　　（1）反映不同国家、不同时代特点的园林风格

　　不同国家，其风格不一样。就古典园林来说，有以意大利和法国为代表的规则式园林风格；有以英国为代表的以植物造景为主的自然式园林风格；有以中国为代表的写意山水式的园林风格。再有，同一国家，由于时代不同，其先后的风格也不同，意大利和法国就已经摆脱古典园林风格的束缚，向浪漫主义的自然式园林发展；我国的近代园林，也已摆脱传统园林的影响，趋向于以植物造景为主，园林建筑多趋于轻巧玲珑、色彩明快，假山过去以石为主，现以土堆山为主，同时创造丘陵起伏的地形。

　　（2）反映地方特点的园林风格

　　每个地方可以通过园林反映出各自的特点。同为规则式，风格也不一，如意大利多山地，所以把山地修成台地，在台地上建造规则式园林，而法国多平地，则在平地上建造园林；同为自然山水式园林，中国和日本在风格上也有明显的差异，日本造园家结合了本国地理条件和风俗民情，通过石组手法，布置茶庭和枯

山水，把造园艺术简化到象征性表现，甚至濒于抽象；再如我国古典园林，江南和北方也有很大差别，北方皇家园林建筑富丽堂皇、尺度大、多针叶树，江南园林建筑轻巧典雅、尺度小、多常绿阔叶树，所以人们常以"稳重雄伟"来形容北方园林，以"明秀典雅"来形容江南园林。哈尔滨市的园林受俄罗斯和日本的影响，具有粗犷与精细并存的特点，建筑和花坛具有浓郁的西洋风格（图 2-2-14）。

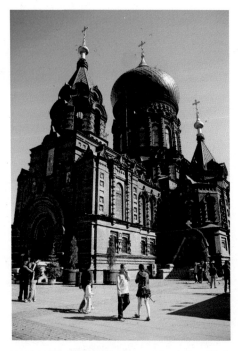

图 2-2-14　哈尔滨建筑——圣·索菲亚教堂

（3）反映设计者个人特点的园林风格

同一块绿地，表现同一主题，但由于设计者不同，作品的风格就不可能一致，这就体现了个人风格。这是因为设计者的生活阅历、立场观点、艺术修养等的不同，才导致他们在处理题材、驾驭素材、运用表现手法等方面都有所不同，各具特色。

总之，在园林风格的创造上，忌千篇一律、千人一面，更不能赶时髦。在现代园林设计上，要师法于古，又不拘泥于古，要在贯通古今中外、融汇百家的基础上，大胆地变革创新，体现时代精神，这样才能使形式更趋完善，风格更为新颖。

二、园林艺术构图法则

1. 统一与变化

园林规划首先是总体布局形式上的统一。统一与多样化的关系又称统一与变化。园林的组成部分，它们的体形、体量、色彩、线条、形式、风格等，要求有一定程度的相似性和一致性，给人以统一的感觉。由于一致性的程度不同，引起统一感的强弱也不同。十分相似的一些部分，即产生整齐、庄严、肃穆的感觉，但过分一致又觉呆板、沉闷、单调，所以要求统一之中有变化，或变化之中有统一，即多样化的统一原则。统一与变化使人感到既丰富又单纯，既活泼又有秩序。要创造统一与变化的艺术效果，可通过各种形式达到。常见的有以下几种形式：

（1）局部与整体的统一与变化

总体布局上求统一，即是用曲折淡雅的自然式，还是取严整对称的整齐式，应统筹考虑，以保证全园协调统一。其次是局部与整体的统一，功能分区中的组成部分与分区、分区与全园、全园与周围环境都是局部与整体的关系。统一中也应有变化，各功能分区都有它的特殊内容，即变化，但内容的组成部分之间必须达到协调统一。

（2）形式与内容的统一与变化

首先应当明确园林的主题与格调，然后决定切合主题的局部形式，选择对这种表现主题最直接、最有效的素材。如在西方规则式园林中，切合"规则"的特点常运用几何式花坛修剪成整齐的树木来体现，局部与总体之间便显现出形状上的统一性（图2-2-15）；在自然式园林中，园林建设则必须围绕"自然"的性质作自然式布局、自然的池岸、曲折的小径、树木的自然栽植和自然式整形，以求得风格的协调统一（图2-2-16）。

图2-2-15　规则式园林中形式　　图2-2-16　自然式园林中形式与内容的统一
与内容的统一（意大利兰特庄园）

（3）材料与质地的统一与变化

园林中非生物性的造景材料，以及由这些材料形成的景物，也要求统一。如指路牌、灯柱、宣传画廊、座椅、栏杆、花架等，常常具有功能和艺术两重效果，点缀在园内，都要求制作材料的风格是统一的。

（4）线条与纹理的统一与变化

在假山上尤其要注意线条与纹理的统一，成功的假山是用一种材料堆成的，它的色调比较统一，外形比较接近，但互相堆叠在一起，就要注意整体上的线条与纹理，因为自然界的石山，表面的纹理是相当统一的。如云南石林石峰的纵线条十分明显（图2-2-17），苏州耦园的东园假山全部用黄石堆叠，在横线条的统一上也是比较成功的。

图 2-2-17　云南石林景观

（5）园林植物的统一与变化

园林中除了建筑、假山叠石等均要求统一与变化外，植物也要求统一与变化（图 2-2-18）。例如杭州花港观鱼公园，应用了 200 多个树种，体现了多样性，但植物一多就容易杂乱无章，不容易取得协调，而该园在树种的选择上用常绿大乔木广玉兰作为基调，分布数量最多，因此在园林树种布局上取得了统一与变化的构图。

园林中的变化是产生美感的重要途径，在统一的基础上求变化，通过变化才使园林美具有协调、对比、韵律、节奏、联系、分隔、开朗、封闭等。没有变化的园林犹如荒漠、秃岭，更谈不上什么园林艺术了。

图 2-2-18　园林植物的统一与变化

2. 对比与调和

在造型艺术构图中，将两个完全对立的事物作比较，叫作对比。通过对比可使对立的双方达到相辅相成、相得益彰的艺术效果。在园林艺术构图中的对比包括体型、体量、方向、明暗、虚实、色彩、质感、疏密、动静等。

（1）体型、体量对比

体型、体量对比有长宽、高低、大小、粗细、方圆等。以低衬高、以小衬大、以细衬粗、以方衬圆都能造成人们的错觉，使长者愈显其长，高者愈显其高，大者愈显其大，反之亦然（图2-2-19）。园林中如山与石的对比、主景与背景的对比、建筑与植物的对比、乔木与灌木的对比等，都是体型、体量的对比。

（2）方向对比

园林规划设计中的主副轴线可形成平面方向的对比，山与水可形成立面方向的对比（图2-2-20）。方向对比取得和谐的关键是均衡。

图 2-2-19　建筑曲线与直线的形象对比

图 2-2-20　山水的方向对比

（3）明暗对比

由于光线的强弱造成空间明暗的对比，加强了景物的立体感和空间变化。"明"给人以活跃开朗的感受，"暗"给人以幽深沉静的感受。明暗对比在古典园林中应用得较为普遍，如苏州留园的入口处理，就是先经过一段狭长幽暗的弄堂，再进入主庭院，可深感其豁然开朗。

（4）虚实对比

虚予人以轻松，实予人以厚重。如山水对比中的山是实，水是虚；岸上的景物是实，水中倒影是虚；建筑中的墙体是实，门窗是虚。园林中如果巧妙灵活地运用虚实对比，可达到"实中有虚，虚中有实，虚实相生"的效果，使景物坚实而有力度，空凌而又生动（图2-2-21）。

（5）色彩对比

两种色互为补色时就是对比色。在植物配置中最典型的例子是桃红柳绿，但如果均衡等量地运用对比强烈的色彩，并不能引起人们的美感，只有在对比上有主次之分的情况下，才能协调在同一个园林空间中，如万绿丛中一点红，比起等面积的绿和红更能引起美感。所以在园林中大量运用类似色和调和色，因为容易取得协调，而对比色的应用则是少量的，且较多地选用邻补色对比，这样容易取得和谐生动的景观效果（图 2-2-22）。

图 2-2-21　景墙的虚实对比　　　　图 2-2-22　植物配置的色彩对比

（6）质感对比

在园林中，可利用植物与建筑、道路、广场、山石、水体等不同材料的质感，造成对比，以增强艺术效果，即使植物之间也可因树种不同，造成柔与刚、粗糙与光洁、厚实与透明的不同质感差异。利用材料质感的对比，可产生雄厚与轻巧、庄严与活泼、轻柔与刚劲，或以人工胜或以自然胜的艺术效果（图 2-2-23）。

（7）疏密对比

疏密对比在园林构图中比比皆是，如开阔的草坪和茂密的树林就达到了《画论》中提到的"宽处可容走马，密处难以藏针"的鲜明对比（图 2-2-24）。

（8）动静对比

动是绝对的，静是相对的。六朝诗人王籍《入若耶溪》诗里有一联说"蝉噪林逾静，鸟鸣山更幽"，诗中"噪"和"静"、"鸣"和"幽"都是自相矛盾的两个方面，作者却把它

图 2-2-23　不同材料铺装的质感对比

们撮合在一起，需要仔细玩味，方能知其奥妙。动静对比在园林中也表现在各个方面，如亭、台、楼、阁等园林建筑原本是静止的，但它们的飞檐翘角在静穆中却有飞动之势，静态中有动势之美（图2-2-25）。

图 2-2-24　开阔的草坪和密林的疏密　　图 2-2-25　重檐攒尖亭在静态中的动
　　　　　　对比　　　　　　　　　　　　　　　　态美

　　以上的对比固然能带来变化，却还需调和因素才能体现出美感。调和意味着统一，用调和取得的构图易达到含蓄与幽雅的美。调和手法在园林中的应用，主要是通过造园要素中的山体、水体、植物和建筑等风格和色调的一致而获得的。尤其园林的主体是植物，尽管各种植物在形态、体量以及色泽上有千差万别，但从总体上看，它们之间的共性多于差异性，在绿色这个基调上得到了统一。

　　调和与对比的区别就在于差异的大小，前者是量变，后者是质变，因而就成了矛盾的对立面，各自以对方的存在为自己存在的前提。在园林艺术构图中，如果只有调和，没有对比，则构图欠生动；如果过分强调对比而忽略了调和，又难达到静谧安逸的效果。调和与对比作为矛盾的结构，强调的是对立因素之间的渗透与协调，而不是对立面的排斥与冲突。在构图中突出主题以取得和谐的秘诀是：调和景物在构图中所占的比例要大，而对比是与大量调和的景物进行对比，就像鹤立鸡群一样，以突出调和景物的对立面，因此对比物的量宜小。

3. 均衡与稳定

　　均衡是视觉艺术的特性之一，是在艺术构图中达到多样统一必须解决的问题，因为不平衡的物体或造景会使人产生烦躁和不稳定的感觉。园林中的景物要求赏心悦目、心旷神怡，所以无论静观或动观的景物在艺术构图上都要求达到均衡，给景物以外观魅力和统一。均衡有对称均衡和不对称均衡两种类型。

（1）对称均衡

对称均衡一定有一条轴线，且景物在轴线的两边作对称分布。如果布置的景物从形象、色彩、质地以及分量上完全相同，如同镜面反映一般，称为绝对对称；如果布置的景物在总体上是一致的，而在某些局部却存在着差异的对称为拟对称（如寺院门口的一对石狮子，初看是一致的，细看却有雌雄之别）。凡是由对称布置所产生的均衡就称为对称均衡（图 2-2-26）。在园林构图上这种对称布置是用来陪衬主题的，如果处理恰当，则主题突出、井然有序；如果没有对称功能要求与工程条件的，就不要强求对称，以免造成削足适履之弊。

（2）不对称均衡

在景物不对称的情况下取得均衡，其原理与力学上的杠杆平衡原理颇有相似之处。所以在园林布局上，重量感大的物体离均衡中心近，重量感小的物体离均衡中心远，两者才能取得均衡。在构图时要综合衡量各造园要素的虚实、色彩、质感、疏密、线条、体型、数量等给人的感觉，切忌单纯考虑平面构图，还要考虑立面构图，要努力培养对景物多维空间的想象力，用立体图、鸟瞰图和模型来核实对创作的判断力。不对称均衡给人以轻松活泼的美感，充满着动势，故又称为动态平衡（图 2-2-27）。

图 2-2-26　对称均衡配置的植物　　　　　图 2-2-27　不对称均衡的应用

所谓稳定，是指园林景物的整体或局部上下所呈现的轻重关系构图。自然界的物体，由于受地心引力的作用，为了维持自身的稳定，靠近地面的部分往往大而重，而在上面的部分则小而轻，如山体等。从这些物理现象中，人们就产生了重心靠下，底面积大可以获得稳定的概念。在园林布局上，往往在体量上采用下面大，向上逐渐缩小的方法来取得稳定坚固感。我国古典园林中的高层建筑物如颐和园的佛香阁、天坛的祈年殿（图 2-2-28）等都是通过下大上小，使重心尽可能低，来体现稳定感的。此外在园林建筑和山石处理上也常利用材料、质地、色彩等所给人的不同重量感来获得稳定感。如园林建筑的基部墙面多用粗石和深色的表面处理，而上层部分采用较光滑或色彩较浅的材料。

图 2-2-28　祈年殿给人的稳定感

4. 比例与尺度

比例不仅是感觉关系，还是一个数学关系。古希腊数学家、哲学家毕达哥拉斯认为美是数的比例构成的。在几何学上，他发现了"黄金分割比"，称为最美的比例。就是在一条线段上取一点，使全线段与被分割的长线段之比，等于被分割的长线段与短线段之比，比值为 1：0.618。古希腊人按照黄金分割比建造神庙；文艺复兴时期的艺术家发现，人体结构，从身高各线段比、身宽各线段比到两手平举的各线段之比都符合黄金分割比，认为人是生物界最美的，所以他们按黄金分割比塑造人物形象，近现代西方人也运用"黄金分割面型"作为审美标准；我国秦汉的砖，长宽比接近黄金分割比，书报的对开、四开、八开、十六开、三十二开也是按黄金分割比裁剪的。后来，人们从数学上找到这样一个简便的规律，即按照 2、3、5、8、13、21、34……中得出 2：3、3：5、5：8、8：13……的比值为黄金分割比的近似值。比例体现在园林景物的体型上，具有适当美好的关系，其中既有本身各部分之间的比例关系，也有景物之间、个体与整体之间的比例关系，这些关系难以用精确的数字来表达，而是属于人们感觉上和经验上的审美概念。

尺度是指人与物的对比关系，西方人认为是十分微妙而难以捉摸的原则，其中包含着比例关系，也包含着协调、匀称和平衡的审美要求。为了研究建筑整体与局部给人以视觉上的大小印象和其真实尺寸之间的关系，通常采取不变因素与可变因素进行对比，从其比例关系中衬托出可变因素的真实大小，古希腊哲学家苏格拉底说"能思维的人是万物的尺度"，所以这个"不变因素"就是"人"。这种以人为标尺的比例关系就是"尺度"，园林艺术构图的尺度是以人的身高和使用活动所需要的空间为视觉感知的量度标准。任何一个景物在其不同的环境中应有不同的尺度，在特定的园林环境应有特定的尺度。人们都乐于领略大型雕刻如四川乐山大佛的大尺寸和庄严景象（图 2-2-29），也喜欢儿童公园中比成人小得多的小火车尺度。

比例与尺度原是建筑设计上的基本概念，也同样适用于园林艺术构图：比例是园林景物各组成要素之间的空间、体形、体量的关系；尺度是园林景物与人的身高及使用活动空间的度量关系。两者运用得恰当，将有助于园林的布局与造景艺术的提高。英国美学家夏夫兹博里说："凡是美的都是和谐的，比例合度的。"所谓合度应理解为"增之一分则太长，减之一分则太短；著粉则太白，施朱则太赤"。简而言之，合度就是"恰到好处"。亦指景物本身与景物之间有良好的比例关系的同时，景物在其所处的环境中要有合适的尺度（图2-2-30）。在规划设计中，从局部到整体、从个体到群体、从近期到远期，相互之间的比例关系与客观所需要的尺度能否恰当结合起来，是园林艺术设计成败的关键。

图2-2-29　大型雕刻——四川乐山大佛　　图2-2-30　小尺度的雕塑给人以亲切感

5. 节奏与韵律

节奏是音乐术语，音响运动的轻重缓急形成节奏，其中的节拍强弱交替或长短交替而合乎一定的规律；韵律原是指诗歌中的声韵和节律。节奏与韵律的相同之处是它们都能使人产生对音响的美感，不同之处是：韵律是一种有规律的变化，重复是产生韵律的前提，简单有力，刚柔并济，而节奏变化复杂，通过强烈的节奏，能使人产生高山流水的意境。节律是节奏与韵律所引起美感的总称。园林中的节奏与韵律指园林景物中有规律的重复。

园林的韵律是多种多样的，可有以下几种：

（1）简单韵律（连续韵律）

简单韵律指重复出现的有组织排列所产生的韵律感。例如路旁的行道树，用一种树木等距离排列，便可形成连续韵律，还有栏杆、长廊等（图2-2-31）。

（2）交替韵律

交替韵律指运用各种造型因素作有规律的纵横交错、相互穿插等，形成丰富的韵律感。仍以行道树为例，如果用两种树木，高矮、色彩不同，相间排列，便构成了"交替韵律"，使其更活泼、丰富（如悬铃木和夹竹桃）。杭州西湖"苏堤春晓"景中"间株杨柳间株桃"就是此交替韵律的成功典范（图2-2-32）。

图 2-2-31　简单韵律的建筑　　　图 2-2-32　"苏堤春晓"景的桃柳间植

（3）渐变韵律

渐变韵律指某些造园要素在体量大小、高矮宽窄、色彩浓淡等方面作有规律的增减，以造成统一和谐的韵律感。例如，我国古式桥梁中的卢沟桥，桥孔跨径就是按渐变韵律设计的；颐和园十七孔桥的桥孔，从中间往两边逐渐由大变小，形成了递减趋势（图2-2-33）；中国传统的塔式建筑，如西安的大雁塔、小雁塔，杭州的六和塔等，都是渐变韵律的具体应用。

（4）交错韵律

交错韵律是利用特定要素的穿插而产生的韵律感。传统建筑的木棂窗就是利用水平和垂直的木条纵横交织形成韵律感。现代园林中也有很多应用，如图2-2-34中的园路。

节奏与韵律是风景连续构图中达到和谐统一的必要手段。以最简单的行道树为例，在道路两旁各栽一行行道树，树种和大小一致，虽整齐划一，但缺乏变化，不能产生节奏，这样的排列长达数十公里，容易使驾驶员目眩和困乏。如果用两株冠形不同的行道树或在每两株行道树之间种一株开花灌木，则有了变化；如果我们再在行道树下面种上绿篱，则在高低之间又增加了一个和谐因子；若打破有规律的节奏，在道路两旁用多种树木花草布置成高低起伏、疏密相间的结构变化，则更富有节律感。

图 2-2-33　渐变韵律——颐和园十七孔
桥的桥孔　　　　　图 2-2-34　园路铺装的交错韵律

在园林中，节律的体现无所不在，如街道树、花带、台阶、蹬道、柱廊、围栅等都具有简单的节律感。复杂一些的如地形地貌、林冠线等的高低起伏，林缘线、水岸线、园路等的弯环曲折，还有静水的涟漪，飞瀑的轰鸣，溪流的潺潺，空间的开合收放、相互渗透和空间流动，景观的疏密虚实与藏露隐显等，都能使人产生有声与无声交织在一起的节律感，像贝多芬"田园交响乐"一样组成一曲绝妙的园林赞歌。阿炳的《二泉映月》和张若虚的《春江花月夜》都是有感于园林景观之美而谱写出来的乐曲，可见园林景观也是其他艺术创作的源泉。

园林艺术是一项综合性艺术，在设计中并不是仅采用某一种手法便可以达到完美的效果，而是要因地制宜地综合运用各种手法，方能达到最佳的艺术效果。

能力培养

抄绘园林平面图

分别抄绘一张规则式园林（图 2-2-35）和一张自然式园林平面图（图 2-2-36），并体会规则式园林与自然式园林不同的布局特点。

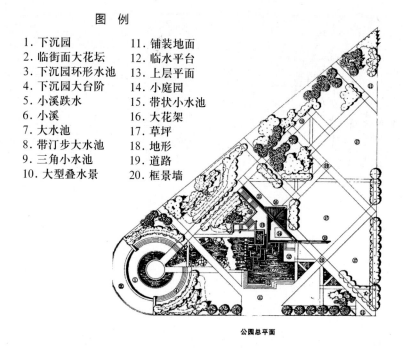

图 例

1. 下沉园
2. 临街面大花坛
3. 下沉园环形水池
4. 下沉园大台阶
5. 小溪跌水
6. 小溪
7. 大水池
8. 带汀步大水池
9. 三角小水池
10. 大型叠水景
11. 铺装地面
12. 临水平台
13. 上层平面
14. 小庭园
15. 带状小水池
16. 大花架
17. 草坪
18. 地形
19. 道路
20. 框景墙

公园总平面

图 2-2-35 规则式园林平面图

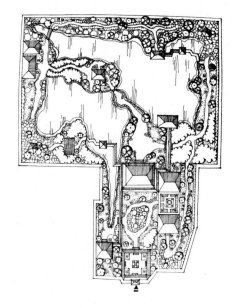

图 2-2-36 自然式园林平面图

随堂练习

　　查阅美国伯纳特公园的相关资料和图片，了解其设计理念和灵感，分析其空间布局和整体设计，感悟其园林艺术构图法则的应用。

任务 2.3　园林意境

任务目标 ✍

知识目标： 1. 理解园林意境的含义。

　　　　　　2. 掌握园林意境的表达方式。

　　　　　　3. 了解园林意境设计方法。

技能目标： 能够对造园的意境进行分析。

知识学习 ✍

一、园林意境与意境的表达方式

1. 园林意境

意境是我国艺术创作和鉴赏方面的一个极其重要的美学范畴。简单说来，意指主观的理念、感情，境指客观的生活、景物。意境是文学、艺术作品通过形象描写表现出来的境界和情调，是作品中呈现的情景交融、虚实相生的形象及其诱发和开拓的审美想象空间。"形美感目，意美感心。"一件优秀的艺术作品，既要具有画境般的形美，更要能表现出深远的意美。意境美对人们的感染力是很强烈的。作者在艺术创作过程中，常将自己的情感融化于构景中，因此，人们在欣赏的时候，不仅看到了景，而且通过景激发出美的感情、美的意愿、美的理想，从而产生丰富的联想和领受景外之情，与作者达到思想感情上的共鸣，达到景外之景、韵外之致的无穷意境。

对于意境的追求，在我国古典园林中由来已久。我国古典园林生长在东方文化的肥田沃土之中，深受绘画尤其是中国山水画、诗词和文学等其他艺术的影响，且许多园林都是在文人、画家的直接参与下经营的，这就使我国园林从一开始便带有诗情画意般的浓厚艺术氛围，十分重视神似和韵味。我国山水画所遵循的最基本的原则莫过于"外师造化，内发心源"，即以自然山水作为创作的蓝本，但并非刻板地抄袭自然山水，而是要经过艺术家的主观感受以萃取其精华。这种感受出自心灵，完全是作者感情的倾注。园林作品所反映的客观现实必然带有艺术家主观情思的烙印。

园林意境是我国园林艺术创作和欣赏的一个重要美学范畴，是通过园林的形象所反映的情意，使游赏者触景生情，产生情景交融的艺术境界。创作者将主观的感情、理念熔铸于客观生活、景物之中，从而引发鉴赏者的情感共鸣和理念联想。鉴赏者可通过视觉感受或者借助文学创作、神话传说、历史典故等的感受及通过听觉、嗅觉的感受来获得园林意境带来的愉悦感。园林营造的诸如丹桂飘香、雨打芭蕉、泉水叮咚、柳浪松涛等天籁之音，都能引发意境的遐想。

园林意境具有景尽意在的特点。因物移情，缘情而发，令人遐想，使人留恋。陶渊明用"采菊东篱下，悠然见南山"来体现心境恬淡的意境；被誉为"诗中有画，画中有诗"的王维所经营的辋川别业，则充满了诗情画意。

2．园林意境的表达方式

园林是一个供游人身临其境进行游赏的多维空间，创作者在有限的空间里运用山石、水体、植物和建筑等造园要素创造出无限的言外之意、弦外之音，或托物言志，借景抒情来创造一定的园林意境。

（1）形象性表达

形象性表达即通过一定的艺术造型，以具体的形象来表达思想感情。它不需要语言文字就能让人感觉到。如儿童游乐园或小动物区，用卡通式小屋、蘑菇亭、月洞门，使人感觉仿佛进入了童话世界。再如山令人静，水令人远，石令人古，小桥流水令人亲，草原令人旷，湖泊和大海令人心旷神怡，而亭台楼阁使人浮想联翩。苏州园林中的半亭在明快的白粉墙衬托下，乌黑的青瓦和墨色的梁架宛如一幅幅水墨画，典雅清逸秀美动人。

（2）典型性表达

典型性表达即高度概括和提炼。如我国古典园林中的堆山置石，并非某一地区真山真水的再现，而是经高度概括和提炼出来的自然山水。虽然尺度有限，却让人有置身于真山真水之中的感觉，让观赏者体会到"一峰则太华千寻，一勺则江湖万里"的意境。而园林中的园名、景名、亭名等也是经过高度概括，来反映特定的园林意境的。苏州狮子林由天如禅师惟则的弟子为奉其师所造，园内"林有竹万，竹下多怪石，状如狻猊（狮子）者"，又因天如禅师维则得法于浙江天目山狮子岩普应国师中峰，为纪念佛徒衣钵、师承关系，取佛经中狮子座之意，故名"狮子林"（图 2-3-1）。亦因佛书上有"狮子吼"一语（"狮子吼"是指禅师传授经文），且众多假山酷似狮形而得名。

图 2-3-1　苏州狮子林的怪石

（3）游离性表达

园林的空间结构为时空的连续结构，通过景点的设置，步移景异，此起彼伏，开合收放，虚实相铺。如在园林中常因地制宜地设置一些园林建筑。这些建筑在自然环境和主要风景点之间，除供游人歇息的基本功能外，穿插点缀，把散乱无序的自然环境空间，变成了曲折幽邃、节奏明晰的景观序列，加强了空间节奏。同时，还破除了自然环境的松散零乱，强化风景意识，使较为平淡的自然环境成为园林艺术化的观赏空间。

（4）联想性表达

联想性表达即由甲联想到乙，由乙联想到丙，使想象越来越丰富，从而收到"言有尽而意无穷"之效。如扬州个园的四季假山，通过不同石材和特定植物组合，在神态造型和色泽上使人联想到春、夏、秋、冬四季变化，让游赏者游园一周有历经一年之感，从而体现空间与时间的无限（图 2-3-2 至图 2-3-5）。再如沧浪亭让人联想起屈原与渔夫的故事，"沧浪之水清兮，可以濯吾缨；沧浪之水浊兮，可以濯吾足"的意境，从而联想到园主人的思想情感，进而引发自身情感的迸发。

（5）模糊性表达

模糊性表达即不定性的表达，一切景物不要和盘托出，应给游赏者留有想象的余地。如粉墙上的月洞门、花窗，欲挡欲透；水面上的汀步，似桥似路；石系舟，似楼台水榭，又似画舫旱船。如建筑隐藏于树林之中，仅露一角比完全暴露更引人遐想；扬州个园取名"竹"字的一半，暗藏园主借竹明志；杭州西湖湖心亭的"虫二"碑刻，寓意"风月无边"。这两个字取自繁体字"風月"两字的中间部分，把外框去掉，变成"虫二"，用来形容这里风景优美，吸引游人驻足观赏猜度字谜奥妙。这些模糊的表达可以丰富景的欣赏内容，增加诗情画意。

图 2-3-2　扬州个园春山（石笋）

图 2-3-3　扬州个园夏山（太湖石）

图 2-3-4　扬州个园秋山（黄石）

图 2-3-5　扬州个园冬山（宣石）

二、园林意境设计

1. 点题表达意境

我国园林通常在园名、题咏、匾额、楹联中反映出一定的园林意境。为园景题上寓意深刻的题名和楹联，启发游人的想象力，深化人们对景物的理解，从而使人领悟和认识到比感官的愉悦更多的内在美。因此匾额、题咏、楹联、碑碣和铭刻等，就成了点染主题、强化意境的重要艺术手段。正如曹雪芹在《红楼梦》中所说的："偌大景致，若干亭榭，无字标题，也觉寥落无趣，任有花柳山水，也断不能生色。"

许多园林景观都有自己的主题，而这些主题往往又是富有诗的意境的。例如承德避暑山庄，其中包括康熙三十六景和乾隆三十六景，这些"景"就是按照各自主题和意境的不同而命名的，康熙、乾隆还分别题有诗文。例如"万壑松风"建筑群，即因近有古松，远有岩壑，风入松林而发出哗哗的涛声得名。鉴于这种意境，康熙曾赋诗云："云卷千松色，泉和万籁吟。"若无诗的意境，恐怕就很难触发康熙的诗兴了。

苏州网师园中的待月亭,其横匾为"月到风来",而对联则取唐代著名文学家韩愈的诗句"晚年秋将至,长月送风来",在这里秋夜赏月,对景品味匾联,确实可以感到一种盎然的诗意(图2-3-6)。苏州狮子林中的真趣亭,其匾额是乾隆皇帝的御笔钦题,寓意"忘机得真趣,怀古生远思"。

苏州的沧浪亭也是如此。亭柱上的楹联"清风明月本无价,近水远山皆有情",既点出周围景色,又给人以清幽出世之感,同时也反映出亭主的品行和学问。当人们来到亭下,观其楹联,品其题名,联想到有关的诗词时,就必然会被亭的这种深厚的文化内涵所打动,而感慨万千(图2-3-7)。

图 2-3-6 苏州网师园的待月亭　　　　图 2-3-7 苏州沧浪亭

承德避暑山庄中的一临水小亭"濠濮间想"取材于《世说新语》中南朝梁简文帝入华林园时的一段议论:"会心处不必在远,翳然林水,便自有濠濮间想也,觉鸟兽禽鱼,自来亲人。"亭四周嘉树芳草,亭前碧波荡漾,水中有鱼,林中有鸟,丛中有鹿,这样的物境与亭名的典故联系起来,典故中所包含的那种物我交融、超脱世俗、归复自然的思想,使人进入更深一层的艺术境界,进入主观联想的情境。

通过一定手段——诗文、楹联、题名、典故等,能让人在感情上、想象上产生时空上的跨越。同时,也使人从感性的视觉欣赏,升华为一种具有丰富社会内容的理性的审美态度,这些楹联、题名、咏亭诗文和有关的名人轶事等,不仅起着点明景物的作用,还创造渲染了一种文化艺术气氛,使人流连忘返,不禁仔细咀嚼和品味那诗一般的情韵和画一般的意境,使人在游览之余,得到文化艺术的享受。

2. 园林构成要素表达意境

园林中的意境除了通过题咏揭示外，还可由其园林构成要素单独或组合表达出来。

（1）由空间片段引起联想

园林中许多空间形象都是从人的想象中来的，任何一片断都会让人想象到完整的形象。由园林中的一块石联想到一峰山，一勺水联想到江湖，通过片段产生联想，从而扩大空间延伸范围。而园林中的漏窗门洞形成的框景，随着游人的走动，仿佛在观赏一幅幅生动立体的自然山水画。

（2）运用声、光、色彩、香气、气象等因素渲染环境气氛

声响以声夺人，让人情感与之共鸣，如水声、雨声、风声等。虫鸣鸟叫让人感受"蝉噪林静，鸟鸣山幽"的意境，雨滴落下、风吹松林，都能产生独特的园林意境。

光与影如喷泉配合灯光、梅旁的疏影、水中倒影亦真亦幻。三潭印月则利用天然月光与灯光的结合来创造美轮美奂的月夜景色。

色彩作用于人的视觉，引起人们的联想尤为丰富。园林中常用建筑色彩渲染环境、植物色彩渲染空间气氛，有的淡雅幽静、有的富丽堂皇，极大地丰富了空间意境。

植物散发的花香、叶香则刺激游人嗅觉，诱发人的精神，使人振奋，产生快感，引发诗意。

园林造景在早、午、晚和不同季节所呈现的时相、季相，在风雨、霜、雪、雾等不同天气条件下所形成的不同景象，使游览者产生情感上的共鸣。春日桃红柳绿，莺啼燕喃；夏日荷芳满径，蝉嘶蛙鸣；秋日桂树飘香，柿实累枝；冬日雪裹松竹，冰清玉润。

不同气象、不同气候条件影响同一景物，风采各异，杭州西湖的景色就有"晴湖不如雨湖，雨湖不如雪湖，雪湖不如月湖"之说，而断桥残雪、南山积雪等景观，只有在特定的气象或气候条件时才产生其特定的意境。

（3）运用植物的姿态美和特性美作比拟联想

园林中的植物，多注重枝叶扶疏、体态潇洒、色香清雅的品种，追求"偃仰得宜、顾盼生情、映带得趣、姿态横生"的意趣。如沧浪亭四周林木葱郁、枝叶繁茂，一派天然野趣。

植物除了形态以外，其色彩、香味、声响和品性，在创造意境和深化主题方

面起着重要作用。如常用松树来比喻坚强不屈、万古长青的英雄气概，用竹来形容虚心坚韧、节高清雅的风尚，用梅来象征不屈不挠、英勇坚贞的品质，用兰来比喻居静而芳、高雅不俗的情操等。四川眉山三苏祠中的绿洲亭，隐现于千竿玉竹之间，暗含苏东坡"身与竹化"之意。

这种通过植物来隐喻某种品格、境界的做法，使人在观赏时，在植物寓意所引起的情感意象中体味个中情趣，获得情感上的升华。

（4）运用园林建筑创造意境

园林建筑的造型千变万化、绚丽多姿，例如飞檐起翘似鸟展翅，展示出向上飞动的轻快感觉。又如西安化觉巷清真大寺内的一真亭，因其形状宛如凤凰伸展双翅，又称凤凰亭。再如舫因其特殊的外形，使人联想到船，进而联想到"人生在世不称意，明朝散发弄扁舟"的失意感，抑或皇帝如舟，老百姓如水，水可载舟，亦可覆舟，从而联想到皇家园林修石舫来表达江山永固的愿望（图2-3-8）。

图 2-3-8　苏州拙政园的香洲（舫）

运用自然材料，略加修整而建造的建筑，有"清水出芙蓉，天然去雕饰"之感。如垒石为柱，刳竹为瓦，在质感、色彩上与环境保持协调，富有田园野趣和诗情画意，和整个大自然的旋律合成一拍，与文人士大夫追求淡泊清逸、附庸风雅及标榜清高的心性相吻合。四川青城山以幽名天下，峰峦重叠，林壑幽深，松篁交翠，浓荫满地，山路中点缀着一系列茅亭（图2-3-9），多取杉木为柱，以树皮盖顶，或干脆依树而建，就其干为柱，以其根为凳，用枯枝古藤装修栏杆，极具天然之趣，与清幽的山林景色融为一体，深得"复归于朴"之神韵。

建筑如亭台楼榭往往作为一种空间上的交点和景物交融的纽带，在供人休息的同时，为人们提供或"仰视"或"俯视"或"远望"的机会，人们通过建筑这种媒介，用心灵的俯仰来观察空间万象，进而使观赏者身有所感，心有所悟。

图 2-3-9　四川青城山用杉木和树皮做的亭子极具天然之趣

能力培养

以苏州拙政园为例，对我国古典园林造园的意境进行分析

我国造园者对待造园的态度如同对待诗、画的态度，按照诗和画的创作原则并刻意追求诗情画意的艺术境界，强调自然和谐之美。苏州的留园和拙政园毫无例外都崇尚自然美，强调"虽由人作，宛自天开"，以再现自然的方法来取得诗情画意的意境美。如建筑与山石、水体、花木巧妙地结合，把建筑美与自然美浑然地融成一体。

1."画意"的体现

"画意"主要是靠视觉这一途径来传递信息，因而画面十分注重构图与位置的选择。如拙政园中的扇面亭位置选择极为巧妙和有趣，形成了极好的画面构图（图 2-3-10）。从被看的角度讲，自别有洞天进园后，它成为人们捕捉到的第一个景观对象，成功地起到了点景的作用（图 2-3-10a）；从通往留听阁的曲桥或通往倒影楼的水廊（图 2-3-10b）看去，都能获得良好画面的效果，从看的方面讲，不仅正面临水开朗，而且其他三面通过门洞、窗口均可形成框景。如通过背面的扇形窗可见浮翠阁（图 2-3-11），通过西南门洞可看三十六鸳鸯馆（图 2-3-12），通过东北门洞可看倒影楼（图 2-3-13）。而拙政园绿漪亭是园内东北角上的临水小亭，亭的造型为方形、攒尖顶，下设坐凳、美人靠，亭凸出于水中，点染湖滨，静影沉碧。位置选择颇费心机，使园中的死角起死回生，情趣盎然。雪香云蔚亭则建于突兀的岛山之上，自山下仰视，外轮廓极为优美。倒影楼紧邻水际，水底楼台，波光荡漾，似实似虚，亦真亦幻，给园林景观带来虚灵之美。自拙政园中枇杷园的内院透过圆洞门看雪香云蔚亭，或自枇杷园外向内看嘉实亭（图 2-3-14），就似一幅优美图画嵌于框中。而透过倒影楼的窗口可以看到宜两亭（图 2-3-15），透过宜两亭的窗口也可看到倒影楼（图 2-3-16），两者互为框景，丰富了画面感。

a　　　　　　　　　　　　　b

图 2-3-10　拙政园的扇面亭

图 2-3-11　扇面亭内看　　　图 2-3-12　扇面亭内看　　　图 2-3-13　扇面亭内看
　　　　　浮翠阁　　　　　　　　　三十六鸳鸯馆　　　　　　　倒影楼

图 2-3-14　枇杷园外看嘉　　　图 2-3-15　倒影楼内看　　　图 2-3-16　宜两亭内看
　　　　　实亭　　　　　　　　　宜两亭　　　　　　　　　　倒影楼

2."诗情"的表达

（1）综合运用一切可以影响人的感官的因素

在古典园林中对于"诗情"也就是诗的意境美的感受，不只单靠视觉这一途径来传递信息，而是借听觉、味觉以及联想等多种途径来影响感官，才能引发人们触景生情，产生诗意。我国古典园林正是通过整体环境的创造，并综合运用一切可以影响人的感官的因素以获得诗的意境美。如拙政园中的留听阁取意"留得残荷听雨声"，听雨轩取意"雨打芭蕉"等（图2-3-17），其意境所寄都与听觉有密切的联系；雪香云蔚亭和远香堂是通过味觉来影响人的感官的；枇杷园则是通过色彩影响人的感受，园内广植枇杷，其果金黄色，每当果实挂枝，院内一片金黄，故又称金果园。

图 2-3-17 拙政园听雨轩

（2）借花木间接表达

园林中常借花木间接地抒发某种意境和情趣。拙政园中的远香堂反映的是荷花"出淤泥而不染，濯清莲而不妖"的意境。荷风四面亭，周围被莲荷所环绕，夏季清香四溢，荷风扑面。楹联"四壁荷花三面柳，半潭秋水一房山"，意趣高远，耐人玩味（图2-3-18）。这种精神和物质的结合，体现了人们对环境的审美观点，让人在观赏亭榭时，通过景物的交融和情感的交流，引起内心的共鸣。梧竹幽居亭旁植有梧桐和竹，以体现该亭主题（图2-3-19）。而雪香云蔚亭旁则遍植梅花，以梅为主题，是赏梅的胜境（图2-3-20），且因梅有"玉琢青枝蕊缀金，仙肌不怕苦寒侵"的迎霜傲雪的品性，故而隐喻建亭构景所追求的是一种心性高洁、孤傲清逸的境界。

图 2-3-18 拙政园荷风四面亭

图 2-3-19 拙政园梧竹幽居亭（孟宪民 摄）

3. 点题

园林景观的意境，还经常借匾联的题词来破题，犹如绘画中的题跋，有助于启发人的联想，以加强其感染力。如拙政园取晋代潘岳《闲居赋》中"灌园鬻蔬，以供朝夕之膳……此亦拙者之为政也"之意；西部的扇面亭——与谁同坐轩，仅一几两椅，但却借宋代大诗人苏轼"与谁同坐？明月、清风、我"的佳句，以抒发高雅的情操与意趣（图 2-3-21）；待霜亭，四

图 2-3-20　拙政园雪香云蔚亭
（孟宪民　摄）

周遍植橘树，以诗句"洞庭须待满林霜"命名，寓意"霜降橘红"（图 2-3-22）。有诗赞曰："离离朱实绿丛中，似火烧山处处红；影下寒林沈绿水，光摇高树照晴空。"其境、其情、其景，交互融合，色彩斑斓，充满了诗情画意。即使树上无橘，但看到匾额和四周的橘树，大概也会使人感触到橘子那鲜艳的色泽和芬芳的清香，使人由视觉的欣赏，变为情感的交流。在这里，亭与景和情已浑然一体，并由此而进一步派生出高于自然的"霜降橘红"的理想景色，进入物我交融的"意境"境界，达到情感的升华。

图 2-3-21　拙政园与谁同坐轩

图 2-3-22　拙政园待霜亭

随堂练习

查阅苏州留园的相关资料，讨论并分析留园的园林意境。

项 目 小 结

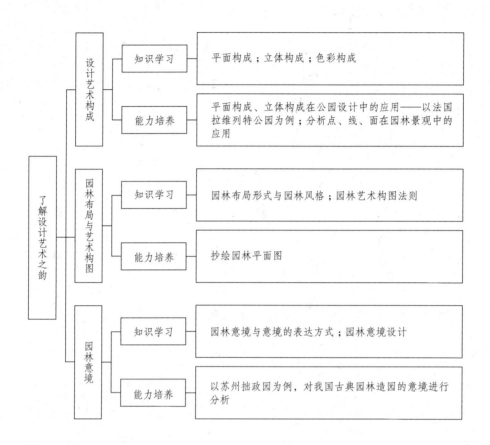

参 考 文 献

［1］王向荣，林箐．拉·维莱特公园与雪铁龙公园及其启示．中国园林，1997（13）

［2］朱建宁．探索未来的城市公园——拉·维莱特公园．中国园林，1999（02）

［3］张翼明．平面构成在景观设计实践中的应用．福建农林大学硕士学位论文，2007

［4］贝锦．点、线、面在中国古典园林中的应用．湖南农业大学课程论文

［5］周艳芳．平面构成设计．哈尔滨：哈尔滨工业大学出版社，2009

［6］陈玲．立体构成．武汉：华中科技大学出版社，2012

［7］蓝先琳．造型设计基础——色彩构成．北京：中国轻工业出版社，2001

掌握园林设计之律

任务 3.1　造园要素及其布局

任务 3.2　小型绿地方案设计

项目导入

一座园林，无论它的风格形式如何，也不论其大小，无非都是由土地、水体、植物及建筑这四大造景要素构成，因此，筑山、理水、植物配置、建筑营造构成造园四大内容。

我国古典园林集建筑、植物、水体、山石地形四大造园要素于一体，并将丰富的传统文化内涵寓于环境艺术之中，源于自然、高于自然，构成人间优美的居住环境。我国园林建造中，山（丘）是重要因素。秦汉的上林苑，用太液池挖出的土堆成岛，象征东海神山，开创了造山的先例。水是园林中最富有生气的因素，园林无水不活。中国传统园林历来以"山水"见长，其因形、因势、因声、因色，既可活跃空间气氛，增加空间的连贯性和趣味性，又可利用水体倒影、光影变幻，产生独特的景观效果。植物是造山理水不可缺少的因素。花木犹如山峦之发，它不仅与其他要素相结合，而且作为其他要素的背景、前景和配景，彼此相互因借，互为衬托，使山水生动起来。园林建筑形式多样，不仅要满足观赏者在园林中歇息的需求，更需要与自然景观相融合。其形式自由多样，造型多轻灵通透，以千姿百态的传统木结构并配合优美丰富的自然景物，共同营造出中国传统园林的意境美。

掌握了造园要素，我们才能运用设计原理，按照一定的设计程序，综合运用各种造园要素，进行小型绿地的方案设计。

任务 3.1　造园要素及其布局

任务目标

知识目标： 1. 了解各造园要素的类型。

　　　　　　2. 了解各造园要素特点、功能及其布局手法。

技能目标： 能够依据环境对各造园要素进行综合分析。

知识学习

一、园林山水布局

园林山水是造园的基础。园林山水本身就是观赏对象，它又会直接影响其他造园要素的设计。园林山水的布局是能否创造出优美的园林景观的关键之一。

1. 园林地形

园林地形是园林的骨架，是园林空间的构成基础。丰富的园林地形可形成不同的园林空间，不同的小环境、小气候，因此，园林地形直接影响园林性质、形式、建筑布局、植物配置、景观效果等诸多因素。园林地形主要包括平地、坡地、山地和谷地。

（1）平地

平地的坡度比较平缓，坡度通常小于 8%。该地形在视觉上较为空旷、开阔，便于开展集体性活动，利于人流集散，主要供游人游览、休息，可形成开阔的园林景观。现代人喜好户外活动，人多且集中，活动内容丰富多彩，为满足要求通常平地面积应占全园面积的 30% 以上，且尽量分开设置，以利于开展不同活动。为适应不同需求，园林平地通常设计成铺装地面、沙石地面、绿化种植地面及土壤地面。

在处理平地时应注意以下几点：

为了利于排水，平地的最小坡度要大于 0.5%。为防止雨水冲刷，减少水土流失，维护园林景观，同一坡度的坡面不宜延伸过长，应有起伏变化，坡度陡缓不一。绿化种植地面的坡度最大不超过 5%。

（2）坡地

坡地就是倾斜的地面。常根据地面的倾斜角度不同分为缓坡（坡度在 8% ~ 12% 之间）和陡坡（坡度在 12% ~ 30% 之间）。缓坡上可设计适当的活动内容，但陡坡上游人不能集中活动。坡地一般作为平地和山地的过渡地带，可种植观赏，塑造多级平台、围合空间等。

（3）山地

山地是四周低于中央的地形，具有景观的突出性和视线的发散性。它一方面可组织成为观景之地，另一方面因地形高处的景物往往突出、明显，又可组织成为造景之地。在中国古代的园林布局中，因山地具有高耸感，往往被设计成权力和力量的象征之地，如颐和园万寿山山腰上的佛香阁在广阔的昆明湖的衬托下形成的控制感，象征了至高无上的封建皇权（图 3-1-1）。在陵园园林中，也往往将伟人或帝王陵园的主体建筑放在山地之上，起到敬仰效果，如南京的中山陵等。

图 3-1-1　北京颐和园佛香阁（孟宪民 摄）

（4）谷地

谷地是一系列连续和线性的凹形地貌，两旁高于中央，具有鲜明的方向性和空间的独立性，视线受抑制，给人私密感、封闭感，常伴有小溪、河流、湿地等地形特征。

2. 假山与置石

假山与置石在中国园林中运用广泛。假山是人工再造的山景或山水景物的总称，它以观赏、游览为主要目的，以自然山水为蓝本，以自然山石为主要材料。置石则是以具有一定观赏价值的自然山石为材料，独立造景或作为配景布置，主要表现山石的个体美或局部组合之美。一般来说，假山的体量大而集中，布局严谨，可观可游，令人有置身于自然山林之感（图3-1-2）。置石则体量较小，布置灵活，以观赏为主，同时也结合一些功能方面的要求，如可作挡土、护坡、山石桌凳或同园林建筑相结合以减少墙角线条的平板、呆滞感。

图 3-1-2　苏州狮子林的假山可观可游

在我国的传统造园中，假山创作形成了一门专门的技艺——叠山技艺，主要以堆置石山为主。它讲究师法自然，但又不是简单的模仿，而是对真山的提炼、概括、典型化，使人工塑成的山神形具备、传神入画。

（1）假山的形式

按堆叠的材料来分，假山有土山、石山、土石山三类。

🌿土山：全部用土堆积而成。为减少工程量，土山多用园内挖池掘出的土方堆置而成。这样既可处理园中废土，又可堆高山体，还可节约成本。但土山的坡度要在适宜的角度内，不能堆得太高、太陡。

🌿石山：全部用岩石堆叠而成，故又称叠石，由于堆叠的手法不同，可形成峥嵘、妩媚、玲珑、顽拙等多变的景观，且不受坡度限制，造型稳定，能达到很好的艺术效果。

🌿土石山：以土为主体结构，表面以点石堆砌而成。土石山较为经济，且依点置和堆置山石的数量和方式不同，山体能形成不同的景观，艺术效果较好。园林中常采用这种方式。

（2）假山堆叠的基本要点

🍃主客分明，遥相呼应：主山不宜居中，忌讳"笔架山"似的对称形象。山体宜呈主、次、配的和谐构图，高低错落，前后穿插，顾盼呼应，切忌"一"字罗列，成排成行。

🍃左急右缓，脉络贯通：堆山视山高及土质而定其基础大小。山形多追求"左急右缓，莫为两翼"，以避免呆板、对称。

🍃位置经营，追求"三远"：在较大规模的园林中，布置一组山体，应考虑达到山体的"三远"艺术效果，即高远、深远、平远。高远指自山下仰视山巅，体现山的突兀；深远指自山前至山后有一定厚度，以体现山的深邃；平远指自近山望远山，让人视野开阔、心旷神怡。

🍃山观四面不同，山游步移景异：无论驻足观赏，还是攀登游玩，山形设计四面各异，山体的坡度陡缓各不同；不同角度、不同方向山形变化多端，峰、峦、崖、岗等山形山势随机而变，坞、洞、穴随形而变，各有精彩之处。

🍃山水相依，山随水转：园林山常设计成山水相连，山岛相延，水穿山谷，水绕山间。

微地形的利用与处理，越来越受到园林界的重视，缓坡草地、草坪为广大群众所接受。起伏的微地形，不仅创造出优美、细腻的景观，同时利用地形排水，节省土地，适宜开展各项活动。在居民区，微地形草坪更适合开展户外活动。

（3）置石的形式

置石的形式主要有特置、散置、群置等。

🍃特置：指由体量较大、造型奇特、质地或色彩特殊的整块或拼石石材独立设置的形式。常在园林中做局部小景或局部空间的构景中心，多位于入口，廊间路旁、水边、园路尽头等处，作对景、障景、点景用。如苏州留园冠云峰（参见图 1-1-16）、上海豫园玉玲珑（图 3-1-3）、杭州绉云峰。

🍃散置：散置是将山石有散有聚，顾盼呼应成一群体的设置，即"攒三聚五""散漫理之"的布置形式。其山石石姿不一定很好，但应有大有小、有立有卧、主次分明，通常布置在路旁、水畔、

图 3-1-3 上海豫园玉玲珑

山脚等处，深埋浅露，以显自然意趣（图3-1-4）。

　　● 群置：是指将一些山石成群组摆在一起的布置形式。其山石量可多可少，布置时要有主有从，大小、疏密相间，高低、前后错落，左右相互呼应（图3-1-5）。

图 3-1-4　树旁散置山石显自然意趣　　　　图 3-1-5　群置山石

3. 园林水景

　　水是园林中引人入胜的造园要素之一。水具有其他园林要素无法比拟的独特质感，其形式随盛水的容器形状而多变，具有受气候变化而多变的状态，具有自然音响和透明虚涵的特性。无论是东方园林还是西方园林，水都是园林中一个永恒的主题。

（1）园林水景的形式

　　● 按水体平面形式分：有自然式水体、规则式水体和混合式水体。

　　自然式水体平面由无规律的曲线组成（图3-1-6）。它是对自然界中的各种水

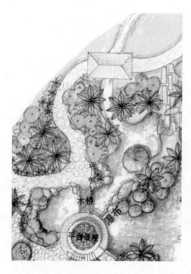
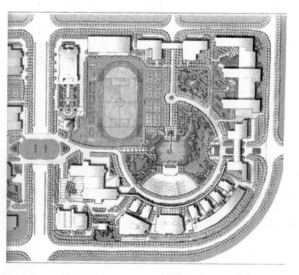

a　　　　　　　　　　　　　　　　b

图 3-1-6　各类自然式水体

体形式高度概括、提炼、缩拟，用艺术形式表现出来的。

规则式水体的平面轮廓为有规律的直线或曲线闭合而成的几何形（图3-1-7）。如圆形、方形、椭圆形、梅花形或其他组合类型，线条轮廓简单，常与山石、雕塑、花坛、花架等组合成景。

图 3-1-7 规则式水体平面图

混合式水体是自然式水体和规则式水体有机结合的一种水体形式，富于变化，具有比规则式水体更灵活，又比自然式水体更易于与规则的建筑空间环境相协调的优点（图3-1-8）。

图 3-1-8 混合式水体

🌿 **按水体状态分**：有静态水体和动态水体。

　　静态水体是指水不流动、相对平静的水体，如湖、池、沼等。这种状态的水体能反映周围景物的倒影，具有宁静、平和的特征，给人舒适、恬静的景观视觉，并能丰富景观层次，扩大景观的视觉空间。

　　动态水体常见的有天然河流、溪水、瀑布和喷泉。流动的水可使环境呈现出活跃的气氛和充满生机的景象，给人以清新、明快、变化、激动、兴奋之感，并予人视听上的双重美感。如无锡寄畅园的"八音涧"。

　　🍃 按水体的使用功能分：有观赏的水体和开展水上活动的水体。

　　观赏的水体主要为构景所用，水面有波光倒影，又能成为风景透视线，水体中常设雕塑、喷泉、小岛、堤岸、小桥、水生植物等，岸边可作不同处理，以构成不同景色。

　　开展水上活动的水体一般水面较大，有适当的水深，水质好，活动与观赏相结合。

　　（2）常见园林水景的设计要点

　　🍃 湖、池：湖、池指成片汇聚的水面。水池水面较小，以聚为主（图3-1-9）；湖面较大，常设堤、岛、桥或种植水生植物分隔，以丰富水中观赏内容及观赏层次，增加水面变化。堤、岛、桥均不宜设在水面正中，应设于偏侧，使水有大小对比变化。另外，岛的数量不宜多设，且忌成排设置，形体宁小勿大，轮廓形状应自然而有变化。

　　人工湖、池还应该注意有水源及去向安排，可用泉、瀑作水源，用桥或半岛引导水的去向。

　　🍃 河流：在园林中河流平面不宜过分弯曲，但河床应有宽有窄，有开有合，以形成空间上的变化。河岸应随山势有缓有陡，两岸应有意识地安排一些对景、夹景等，并留出一定的透视线，使沿岸景致丰富。

　　🍃 溪涧：自然界中，溪涧是泉瀑之水从山间流出的一种动态水景。常以水流平缓者为溪，湍急者为涧。园林中可在山坡地适当之处设置溪涧，其平面应蜿蜒曲折，有分有合，有收有放，构成大小不同的水面或宽窄各异的水流。竖向上应有缓有陡，

图3-1-9　自然式水池，以聚为主

陡处形成跌水或瀑布，落水处还可构成深潭（图 3-1-10）。同时应注意对溪涧的源头进行隐蔽处理。两岸多用自然石岸，以砾石为底，溪水宜浅，游人可涉水，可踏汀步。两岸树木掩映，表现山水相依的景观。溪涧多变的水形及落差配合山石树木的设置，可使水流忽急忽缓、忽隐忽现、忽聚忽散，形成各种悦耳的水声，给人以视听上的双重感受，引人遐想。如无锡寄畅园的"八音涧"、北京颐和园的玉琴峡，都是仿效自然人工建造的溪涧精品。

图 3-1-10 跌落的溪流

🍃瀑布：断崖跌落的水为瀑，因遥望似布悬垂而下，故称瀑布。瀑布是优美的动态水景。自然界中常有天然瀑布可利用，如贵州的黄果树大瀑布、庐山香炉峰大瀑布等，能给人"飞流直下三千尺，疑是银河落九天"的艺术感染。人工园林中也可模仿天然瀑布的意境，创造人工小瀑布。通常的做法是将石山叠高，山上设池做水源，池边开设落水口，水从落水口流出，形成瀑布，山下设承水潭及下游水体（图 3-1-11）。

瀑布按其势态分直落式、叠落式、散落式、水帘式、喷射式；按其大小分宽瀑、细瀑、高瀑、短瀑、涧瀑。综合瀑布的大小和势态可形成多种瀑布景观，如直落式高瀑、直落式宽瀑等。

a   b

图 3-1-11 天然式瀑布（a）与人工瀑布（b）

● 喷泉：地下水向地面上涌出称为喷泉（图3-1-12）。城市园林中的喷泉以人工喷泉为主，一般布置在城市广场上、大型建筑物前、入口、道路交叉口等处的场地中，与水池、雕塑、花坛、彩色灯光等组合成景，作为局部构图中心。

为使喷泉线条清晰，常以深色景物为背景，如高绿篱或绿墙。平面组合是结合水池环境的平面形状及造景立意而设计的。随着现代技术的发展，出现光、电、声控及电脑自动控制的喷泉，致使喷泉的形式丰富多样。因此，除普通喷泉外，还有音乐喷泉、间歇喷泉、激光喷泉等形式。为避免北方冬季喷泉无法喷射，而水池底及喷泉水管、喷头外露不美观这一缺陷，还出现了隐蔽式喷泉（也叫旱喷），即将喷泉的喷水设施设在地下，地上只留供水流喷出的小孔或窄缝，这样即使不喷射时也美观，铺装的场地还可供人们活动。

图 3-1-12　各种类型的喷泉

二、植物配置与造景

植物是园林中的生命要素，植物的运用使园林充满活力和生机，为游人带来自然舒适的切身感受。没有植物，就不成园林。

1. 植物的功能

园林植物具有多方面的功能，主要表现为美化功能、生态功能、防护功能及造景功能。

（1）美化功能

园林植物种类繁多，每个树种都有自己独特的形态、色彩、风韵、芳香等美的特色。这些特色又随季节及岁月的变化而有所丰富和发展。如春季梢头嫩绿、繁花似锦，夏季绿叶成荫、浓影覆地，秋季果实累累、色香俱全，冬季则枝干遒劲、银装素裹。一年之中，四季各有不同的风姿与妙趣。即便同一棵树，在不同的龄期又有不同的形貌，如松树在幼龄时全株团簇似球，壮龄时亭亭如华盖，老年时则枝干盘虬而有飞舞之势。

（2）生态功能

在树林中我们会感觉到空气清新，那是因为植物对空气质量有改善作用，主要表现在以下几个方面：① 植物是环境中 CO_2 和 O_2 调节器。虽然植物也进行呼吸作用，但其在日间光合作用所放出的 O_2 要比由呼吸作用所消耗的量大 20 倍；② 很多植物能分泌杀菌素，如桉树、肉桂、柠檬等树木体内含有芳香油，都具有杀菌力；松树林中的空气对呼吸系统有很大好处，松脂分泌物可杀死寄生在呼吸系统里的、能使肺部和支气管感染的各种微生物，植物的一些芳香性挥发物质还有使人精神愉快的效果；③ 植物叶片可以吸收空气中的有毒物质而减少空气中的毒物量；④ 树木的枝叶可以阻滞空气中的尘埃，使空气较清洁；⑤ 树冠能阻拦阳光而减少辐射热；⑥ 树木对改善小环境内的空气湿度有较大作用；⑦ 乔灌木可降低噪声；⑧ 林中及草坪上的光线具有大量绿色波段的光，对眼睛保健有良好作用。

（3）防护功能

植物可涵养水源保持水土，防风固沙；可抗放射性污染；利用部分树木对大气中有毒物质的敏感性作为监测手段，可确保人们对环境污染的警醒。

（4）造景功能

园林植物可作为主景，充分发挥其观赏作用，也可作为背景以突出主景。可以利用园林植物分隔空间、组织空间，形成框景、夹景、漏景、障景，还可用彩色植物引导游人视线。

2. 植物配置与造景手法

园林植物配置主要有自然式、规则式和混合式三种形式。

（1）自然式

自然式配置以自然界植物生态群落为蓝本，没有固定的株行距，将同种或不同种的植物进行配置，它强调变化，具有生动活泼的自然情趣，让人感觉轻松、愉快（图 3-1-13a）。

（2）规则式

规则式配置强调成行等距排列，或作有规律的简单重复，以强调整齐划一，给人以雄伟、肃穆之感（图 3-1-13b）。有对植、列植、篱植和树阵等。

（3）混合式

混合式配置则为自然式与规则式相结合的形式，既有清新整洁的整体效果，又有丰富多彩、变化无穷的自然景观；既有自然美，又有人工美（图 3-1-13c）。

図 3-1-13　园林植物配置形式
a. 自然式；b. 规则式；c. 混合式

园林植物造景手法主要有以下几种：

（1）孤植

孤植通常是指乔木孤立种植的形式，有时也用 2 ~ 3 株乔木紧密栽植，形成统一的单体效果，但必须是同一树种，株距不超过 1m（图 3-1-14）。

孤植的目的主要为充分表现其个体美，在艺术构图上，是作为局部主景或是为获取荫蔽效果而设置。通常选用体形高大雄伟、姿态优美奇异的树种，或花果观赏效果显著的树种。配置孤植树时必须留有适当的观赏视距，一般应选择开阔空旷的地点种植，如大片草坪、广场、花坛中心、道路交叉点、道路转折点、缓坡、平阔的湖池岸边等处，以突出植株的个体美。

图 3-1-14 孤植树（王雨平 摄）

此外，种植地点的选择不能只注意到树种本身，还必须考虑其与环境间的对比及烘托关系。如在空地、草坪上孤植时，多以蓝天、草地、水面为背景，来衬托其形体、姿态和色彩美，借以丰富天际线的变化。

（2）对植

对植是用两株树按照一定的轴线关系作对称式均衡的种植方式（图 3-1-15）。依种植形式的不同分对称种植与不对称种植两种。对称种植是用大小相同的两株同种树木对称栽植，体形姿态上没有太大差异，常用在规则式构图中。不对称种植是运用

图 3-1-15 两株蓝果树对植于广场入口处

不对称均衡的原理，选用树木在体形、大小、数量、色彩上有差异，但在轴线的两边必须取得均衡。

对植在艺术构图上常用来强调主题，用作配景。要求树木形态美观、树冠整齐、花叶娇美，如龙柏、雪松、苏铁、南洋杉、桂花等。常栽植于园门、建筑物入口、桥头、石级磴道的两旁，同时也可作荫蔽和休息用。

（3）列植

列植是指乔灌木按一定的株行距成行成列地种植。行列植形成的景观气势雄伟、整齐划一，常用于行道树栽植，或用于广场、河道、建筑物周围。

列植应选用树冠形体整齐的树种。其株行距应根据树种生长速度、树冠大小来定。一般乔木的株行距为 3 ～ 8 m。为取得近期效果，也可适当缩小距离。可用乔灌木间植的形式，灌木与灌木的株行距多为 1 ～ 5 m。

在种植形式上有单纯列植和混合列植两种。单纯列植是用同一种树种进行有规律的种植，具有强烈的统一感和方向感。混合列植是指多种树木进行有规律的

种植，具有高低层次和韵律变化（图3-1-16），形式多样，可产生色彩、形态、季相等变化，景观更为丰富，用于公路两旁栽植还可有效减缓司机的视觉疲劳。

（4）丛植

丛植通常是指由两株到十几株同种或异种乔木、乔灌木组合种植的配置方式，也叫树丛（图3-1-17，图3-1-18）。

丛植反映树木群体景观，主要反映自然界小规模群体植物的形象美。这种群体形象美是通过植物个体之间的有机组合与搭配来体现的，要较好地处理株间、种间的关系。株间关系是疏密、远近的关系；种间则指不同树种之间的搭配，如阳性与阴性、速生与慢生、乔木与灌木的有机组合，使之成为生态相对稳定的树丛，是对自然生态的模拟。

丛植的地点，可以是草地上、路旁、水体旁、坡地和建筑四周，也可与山石、花卉组合。可作局部主景，也可作配景、障景、隔景或背景。树丛作主景时，宜用针叶树种和阔叶树种混植，可配置在空旷的草地上、水边、岛上或土丘山冈

图 3-1-16　榕树与桂花混合列植

图 3-1-17　同种乔木丛植

图 3-1-18　同种灌木丛植

上，观赏效果较好。在中国古典园林中，常
将树丛与山石组合设置于粉墙的前方、走廊
和房屋的角隅，构成一组优美的树石小景（图
3-1-19）。

图 3-1-19 中国古典园林树石小景
（孟宪民 摄）

丛植常有以下形式：

🍃 **两株丛植**：一般由同种树种、不同大
小的树木以较小的株距栽植在一起，形成一
个整体。在造型上一般选择一大一小、一左
一右、一倚一直、一昂一俯的不同姿态配置，
使之相互呼应，顾盼有情。丛植的两株树在
动势、姿态与体量上均须有差异、对比，才能生动活泼。两株间的距离不宜太远，
应小于两株树冠的半径之和（图 3-1-20），以使其成为一个整体。不同种树，但外
观上相似的两株同科树种也可丛植。

🍃 **三株丛植**：树种不宜超过两种，需同为常绿树或落叶树，同为乔木或灌木。
三株树在大小、姿态上也应有明显差异，水平布局应呈不等边三角形，其中最大株
应与最小株靠近，中等株要远离些（图 3-1-21）。用不同树种配置时，远离的一株应
为两树种当中数量占多数的一种（图 3-1-22）。如两株榆叶梅与一株连翘丛植，远离
的那株应为榆叶梅。

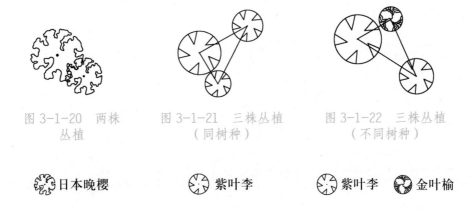

图 3-1-20 两株
丛植

图 3-1-21 三株丛植
（同树种）

图 3-1-22 三株丛植
（不同树种）

🌸 日本晚樱   ✳ 紫叶李   ✳ 紫叶李   ✿ 金叶榆

🍃 **四株丛植**：树种常为两种，树形相似，两种树数目比多为 3：1，成不等
边三角形或不等边四边形栽植。同树种栽植时，最大株与其他株相近些，中等的
那一株应远离（图 3-1-23）。两树种栽植时，单株不能是最大株也不能是最小株，
数目少的树种不宜单独远离（图 3-1-24）。

　　●五株丛植：五株丛植的变化较为丰富，但树种最多不超过三种，其配置的
基本要求与两株、三株配置相同，数量分配上有3：2和4：1，其他在平面及
立面的造型方面同两株、三株配植（图3-1-25）。

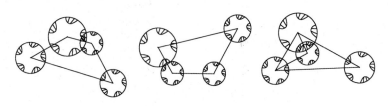

图3-1-23　四株丛植（同树种）

❀ 紫丁香

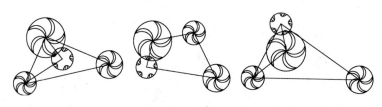

图3-1-24　四株丛植（不同树种）

❀ 紫丁香　🌀 连翘

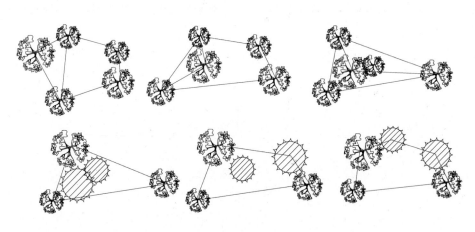

图3-1-25　五株丛植

❀ 红瑞木　✶ 紫杉

　　●六株及以上丛植：由二、三、四、五株形式组合而成。掌握以上配置方法，
则六株及以上的树丛同理可推。需注意统一变化的原则，株数少时，树种不宜过多；
株数多时，树种则可相应增多。

（5）群植

群植是 20 ～ 30 株及以上的同种或异种乔木、灌木组合栽植的配置方式，也叫树群。群植所表现的是树木较大规模的群体形象美，常用作园林构图的主景或配景。

群植的形式有两种：单纯树群和混交树群。单纯树群只有一种树木，其树木种群景观特征显著，景观规模与气氛大于丛植，郁闭度较高（图3-1-26）。混交树群由多种树木混合组成树木群落，是树群的主要形式，层次丰富，景观多姿多彩，群落持久稳定（图3-1-27）。混交树群具有多层结构，通常为四层或五层：乔木层、亚乔木层、大灌木层、小灌木层及地被植物。

混交树群配置时，注意常绿、落叶及观花、观叶混交，其平面布局多采用复层混交、小块混交与点状混交相结合，使总体立面景观的天际线丰富，前后错落，大小穿插；或树种上相互配合，使平面上疏密相间，疏中有密，密中有疏；季节上注意做到春季有花、秋季有果，四季景不同。

（6）林植

林植是指成片、成块种植大面积

图 3-1-26　单纯树群

图 3-1-27　北京北海公园的混交树群

图 3-1-28　混交密林

树木景观的一种配置形式。从结构上可分为密林和疏林。密林是指郁闭度较高的树林，一般郁闭度为 0.7 ～ 1。密林又有单纯密林和混交密林之分。单纯密林具有简洁、壮观的特点，但层次单一，缺少丰富的季相，稳定性差。混交密林具有多层结构，通常 3 ～ 4 层，类似于树群，但比树群规模要大（图3-1-28）。疏林的郁闭度在 0.4 ～ 0.6 之间，疏林常与草地结合，一般称疏林草地（图3-1-29）。疏林中

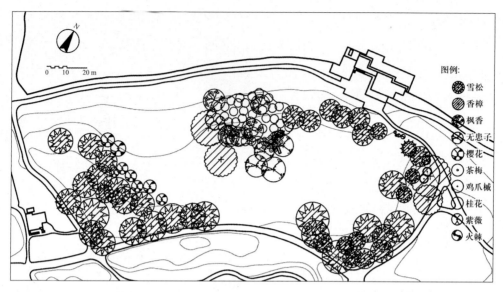

图 3-1-29   杭州花港观鱼的疏林草地（刘桂玲 摄）

树木的间距一般为 10 ～ 20 m，至少应大于成年树冠冠径，林间需留出较多的活动空间。在树种的选择上要求树木有较高的观赏价值或形态优美多变，树木生长健壮，树冠疏朗开展，要有一定的落叶树种。

（7）篱植

篱植指用耐修剪的小乔木或灌木，以密植的形式组成篱垣状的植物配置形式，也称绿篱，我国常用作道路和花坛的镶边（图 3-1-30）。绿篱按高度一般分为矮篱（高度 <50 cm）、中篱（高

图 3-1-30   修剪整齐的绿篱

度为 50 ~ 120 cm）、高篱（高度为 120 ~ 160 cm）和树墙（高度 >160 cm）四种
形式，通常有常绿篱、落叶篱、花篱、观果篱、刺篱和蔓篱等。绿篱的起点和终
点常作尽端处理，以使其从侧面看来比较厚实美观。

（8）色块、色带

色块是将色叶植物紧密栽植成所设计的图形，并按设计高度修剪的种植类型。
若长宽比大于 4 ∶ 1，则称为色带（图 3-1-31）。这种种植形式是从篱植发展来的，
并越来越广泛地应用于广场、街道、坡地、立体交叉等绿地的草坪上，是一种装
饰性强、具有较好美观效果的种植形式。

花卉是园林绿地中常用作重点装饰和色彩构图的植物材料。花卉种类繁多，
色彩艳丽，繁殖容易，生长培育周期短，常用于出入口、广场、林缘、道旁，在
烘托气氛、丰富景色方面有独特的效果，常配合重大节日使用。

花卉的种植形式主要有花坛、花丛、花境、花池和花台、花群。

图 3-1-31　园林绿地中色带的应用

🌿 花坛：指在一定几何形状的种植床内种植色彩、形态、质地不同的花卉，
以体现其色彩美或图案美的园林应用形式，具有较高的装饰性和观赏价值。花坛
是园林绿地中重点地区节日装饰的主要花卉布置类型，常布置在广场、建筑入口
处或广场上、道路两侧、交叉口等处。按观赏要求的不同，分为盛花花坛、模纹
花坛、立体花坛、草皮花坛、木本植物花坛及混合花坛等（图 3-1-32）。

🌿 花丛：是用多种花卉进行密植，按园林的景观需求呈点状、规则式或自
然式，布置在园林绿地的草坪中。

🌿 花境：是指以树丛、树群、绿篱、矮墙或建筑物作背景，以多种多年生花
卉为主的带状自然式花卉布置形式。所选用的植物材料以能露地越冬的多年生花

盛花花坛　　　　　　　模纹花坛　　　　　　模纹花坛（花钟）

立体花坛（动物造型）　　立体花坛（植物造型）　　立体花坛（建筑造型）

图 3-1-32　各种类型的花坛

图 3-1-33　花境

卉或观花灌木为主，既要四季美观又有季相交替，一般栽植后 3～5 年不更换，以反映植物群落的自然景观（图 3-1-33）。

🍃花池和花台：凡种植花卉的种植槽，高者为台，低者为池（图 3-1-34，图 3-1-35）。随着建筑材料的发展，在园林绿地中，将花台、花池同其他要素结合，出现了较为新颖的花台、花池形式。在花台、花池的布置形式中，因花台、花池的面积一般较小，适合近距离观赏，主要表现花卉的色彩、芳香、形态以及花台、花池的造型美，同时也需注意花台、花池与空间环境的适应性。

🍃花群：由几十株乃至几百株花卉种植在一起形成群状，布置在林缘、草坪中或水边及山坡上（图 3-1-36）。

图 3-1-34 牡丹花台

图 3-1-35 花池

图 3-1-36 林下的花群

三、园林建筑与小品

大凡著名风景胜地，多有亭台楼阁点缀其间，它们或伫立山冈之上，或依附建筑之旁，或濒临水池之畔，或地处园路之侧，或藏于花草之中，它们的设立不仅美化了自然环境，丰富了风景区的立体轮廓，使景区陡增生气，而且也为人们欣赏四时烂漫的自然景色提供了最佳观赏点和歇息处。在园林环境中既具有造景功能，又能供人游览、观赏、休息，也供园林管理人员使用的各类建筑物，统称为园林建筑。

1. 园林建筑的类别

按使用功能，园林建筑大致可分为以下类别：

（1）园林建筑小品

园林建筑小品是指园林中为游人提供服务、休息娱乐和园林管理，具有功能性、装饰性的小型建筑设施，其造型精美，体量小巧，通常设有内部使用空间。它们有的依附于其他景物或建筑之中，有的独立存在，是活跃园林空间、补充园林空间的要素。如园桌、园椅、园灯、指示牌、栏杆、景墙、门洞、园桥、园路、台阶、汀步、雕塑等设施。

（2）服务性建筑

服务性建筑指在游览途中为游人提供服务的建筑。如各类小卖部、茶室、餐厅、摄影服务部、接待室、厕所等。

（3）游憩性建筑

游憩性建筑主要指供游人休息、游赏用的建筑，既是园中景观，又是游人休憩与观景的场所；既具有简单的实用功能，又要求有优美的建筑造型，是园林绿地中最重要的建筑。其类型有亭、廊、榭、舫。

（4）文化娱乐性建筑

文化娱乐性建筑是园林内供开展各种活动用的建筑，如码头、游艺室、俱乐部、演出厅、露天剧场、展览厅、阅览室、体育场馆、游泳池及旱冰场等。

（5）园林管理类建筑

此类建筑主要供内部工作人员使用，包括公园大门、办公管理室、实验室、栽培温室、食堂、仓库等。

此外，还有一类较特殊的建筑，即动物兽舍，同样具有使用功能及外观造型的要求。

2. 常见的园林建筑

园林建筑在园林中有十分重要的作用。它可满足观赏风景和管理园林的需求。我国古典式园林，其建筑一方面要可行、可观、可居、可游，一方面起着点景、隔景的作用，以小见大，使园林显得自然、淡泊、恬静、含蓄，引观赏者移步换景、渐入佳境。这是与西方园林建筑很不相同之处。下面重点介绍我国园林中形式多样的亭、廊、花架、景桥、榭、舫、楼（阁）、小卖部、茶室、公园大门。

（1）亭

亭是园林中最常见的建筑物。亭体积小巧，造型别致、多样，可建于园林的任何地方，主要供人休息观景，兼作景点。亭的形式千变万化，若按平面形状分，常见的有三角亭、方亭、圆亭、扇亭、八角亭及组合式亭（图 3-1-37）；按亭的屋

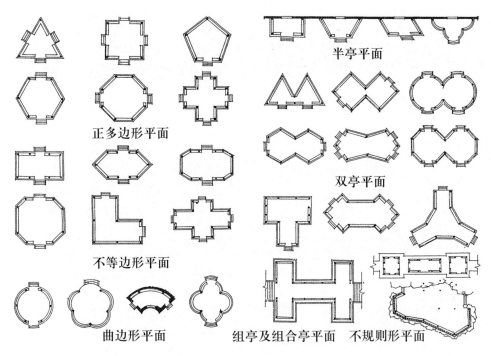

半亭平面

正多边形平面

不等边形平面

双亭平面

曲边形平面　　组亭及组合亭平面　　不规则形平面

图 3-1-37　亭的平面形式

顶形式分，有卷棚顶、扇形顶、歇山顶、攒尖顶、平顶等；从屋顶的立体构形来说，又可分为单檐、重檐和三重檐等。总之可以任凭造园者的想象力和创造力去丰富它的造型，同时为园林增添美景（图 3-1-38）。

（2）廊

廊是屋檐下的过道，以及延伸成独立的有顶的通道。廊的特点是狭长而通畅，弯曲而空透，用来连接景区和景点。廊的狭长而通畅使人生发某种期待与探求的意趣，引人入胜（图 3-1-39）；弯曲而空透可观赏到千变万化的景色，由此步移景异。此外，廊柱还具有框景的作用。

（3）花架

花架是一种构件简单又十分灵活轻巧的景观建筑。其形式极为丰富，有棚架、廊架、亭架、门架等。花架既可作为小品点缀，又可成为局部空间的主景；既是一种可供休息赏景的建筑设施，又是一种立体绿化的理想形式。设置花架不仅不会减少绿地的比例，反而因花架与植物的紧密结合可使园林中的人工美与自然美得到和谐的统一（图 3-1-40）。

（4）景桥

景桥既有园路的特征，又有景观建筑的特色。在园林中不仅供交通运输之

卷棚亭　　　　　　　　扇形亭

歇山亭　　　圆攒尖亭　　　盝顶亭

三角攒尖亭　　六角重檐亭　　双圆攒尖亭

平顶亭　　　　坡顶亭　　　　壳体顶亭

图 3-1-38　亭屋顶的各种形式

图 3-1-39　北京颐和园的长廊（刘惠军 摄）

双排柱直廊花架　　　　　　　单排柱弧形花架

双排柱弧形花架　　　　　　　双排柱直廊花架

木质亭与花架组合　　　　　　半拱形花架

图 3-1-40　各种类型的花架

用，还有点饰环境和借景、障景的作用。桥的造型多样，有拱桥、平桥、曲桥等（图 3-1-41）。景桥讲究布局自然，与地形、风景配合协调，讲究与水体的映衬和对比，同时，景桥也以它的千姿百态融合于自然之中，既造福于人类，又给人以美的享受。

（5）榭

"榭者藉（藉：借——编者注）也，藉景而成者也，或水边，或花畔，制亦随态"（《园冶》），说明榭是一种借助于周围景色而见长的园林游憩建筑。榭因借景而成，在功能上多以观景为主，兼满足社交、休息需要（图 3-1-42）。

最常见的水榭形式是：在水边筑一平台，在平台周边以低栏杆围绕，通向水面处常作敞口；在平台上建单体建筑，建筑平面通常是长方形，建筑四面开敞通透，或四面做落地长窗。

图 3-1-41 各种造型的景桥

（6）舫

舫为水边或水中的船形建筑。下部船体通常用石砌筑，上部船舱则多用木构建筑，其形似船（图 3-1-43）。常建于水面开阔处，在园林中供人游玩、宴饮及观赏点景之用。因舫立于水边不动，又有"不系舟"之称。

图 3-1-42 水榭

图 3-1-43 北京颐和园清晏舫
（孟宪民 摄）

舫一般由船头、中舱、船尾三部分组成。船头前部有眺台，似甲板，船头常做敞棚，供赏景用。中舱是主要空间，是休息、宴客的场所，其地面比周边略低一两步，有入舱之感；中舱两侧面常做成长窗，以便坐着休息时也具有通透的视线，其屋顶一般做成船篷式样或卷棚顶。尾舱一般为两层建筑，下层设置楼梯，上层作为休息眺望空间，立面做成下实上虚形成对比，其屋顶常做成歇山顶，轻盈舒展。

（7）楼（阁）

楼与阁在型制上不易明确区分，人们也时常将"楼阁"二字连用。楼阁是园林中的高层建筑物，它们不仅体量较大，而且造型丰富、变化多样，有广泛的使用功能，是园林中的重要点景建筑物。古典园林中的楼在平面上一般呈狭长形（图3-1-44），楼的位置在明代大多位于厅堂之后，在园林中一般用作卧室、书房或用来观赏风景。阁与楼近似，但较小巧，平面为方形或多边形，造型上高耸凌空，较楼更为完整、丰富、轻盈、集中向上，一般用来藏书、观景，也用来供奉巨型佛像。

（8）小卖部

在公园或旅游区，为方便游人而设立的小型服务建筑，通称小卖部。这类建筑体量不大，但形式丰富。常根据经营项目的不同，灵活设置。

（9）茶室

茶室是景区中提供饮料、供游人较长时间停留休息的场所，为赏景、会客等活动提供条件。饮茶是我国人民群众的传统爱好和生活习惯，在景区设置茶室，给旅游者在景区中的休息增添趣味（图3-1-45）。

图 3-1-44 见山楼

（10）公园大门

公园为便于管理，界址四周多设有院墙和大门，城市公园大门多位于城市主干道的一侧，位置显著，成为城市空间中一个视觉中心。大门主要由售票检票处、出入口以及部分小卖部、办公用房等组成。

作为对空间领域的界定与导入，公园大门的形象在相当程度上影响了人们对整个空间环境的感受和把握。它不仅具有实用功能，而且还揭示某种文化内涵，反映

图 3-1-45 成都用植物编织的特色茶室

不同地域、不同生活方式和不同时代的特征（图3-1-46）。

图 3-1-46　成都大熊猫繁育研究基地大门

3. 常见的园林小品

园林小品作为城市公共空间中的重要组成部分，起着丰富城市景观、美化人们生活、增添城市生活趣味的作用，提高了城市的品位和人们生活的精致程度。它通过本身的造型、质地、色彩与肌理向人们展示内涵特征，同时也反映特定的社会、地域、民俗的审美情趣。

现代园林小品的种类繁多，按其功能的不同大体分为饰景小品、功能性小品、其他类小品、特殊类小品四类。

（1）饰景小品

饰景小品多指雕塑、壁画、灯光照明、水景和假山等艺术形式，在现代环境中主要起点景的作用。饰景小品本身作为景观的组成部分，在丰富景观的同时，也有引导、分隔空间和突出主题的作用。

（2）功能性小品

功能性小品主要包括各种导游图版、路标指示牌、各类说明牌、图片画廊等展示设施，厕所与果皮箱等卫生设施，餐饮设施与坐凳等休憩设施，公用电话亭等通信设施，为游人提供便利的服务，创造舒适的游览环境，同时在视觉效果上达到与整体环境的协调。

（3）其他类小品

其他类小品主要包括园林中的隔景、框景、组景等小品设施，如景墙、漏窗等。这类小品多数为建筑附属物，对空间进行分隔、解构，丰富景观的空间构图，增加景深，对游览视线进行引导。

（4）特殊类小品

特殊类小品指无障碍设施和栏杆、洞门、棋类小品等管理类小品。以下介绍常见的几类园林小品。

🍃雕塑：雕塑小品指带有观赏性的小雕塑，一般体量小巧，不一定能形成主景，但可为景区增添趣味，多以人物或动物为主题，也有植物、山石或抽象几何体形象的。现代公园或城市广场上，利用雕塑小品烘托环境气氛，这些雕塑小品起到了加深意境，表现它所处的城市或地域文化的作用（图 3-1-47）。

🍃指示牌、说明牌等：指示牌、说明牌、宣传牌、标志牌在指示功能的同时，也是园林中的一种装饰元素。除其本身的功能外，还以优美的造型、明朗的色彩装点美化园林环境，自然而然地融入园林文化中，给人们带来艺术享受（图 3-1-48）。

🍃桌椅：是景观设计中很重要的一个内容，它可以让人们在长时间的游览中间坐下休息或驻足观赏。它不仅要尺度适宜、方便实用，且要美观耐用，其式样和布置方式可以丰富多彩（图 3-1-49）。

🍃活动设施：无论在公园还是居住区，活动设施已经成为必不可少的小品，同时健身器材的运用丰富了园林小品的内容。活动设施按使用者年龄阶段可分为

图 3-1-47　各类雕塑小品

儿童活动设施和成人活动设施（图 3-1-50）。

图 3-1-48　各类指示性小品

图 3-1-49　各类桌椅小品

儿童活动设施　　　　　　　　　成人活动设施

图 3-1-50　活动设施

四、园路布局与设计

园路，即园林中的道路，是园林的主要组成要素之一，包括道路、广场、游憩场地等一切硬质铺装。

1. 园路的功能

园路是贯穿全园的交通网络，是联系各个景区和景点的纽带，也是园林景观的重要组成部分。

（1）组织交通

园路同其他道路一样，具有基本的交通功能，承担着在园林中对游人的集散、疏导、组织交通任务。同时，还承担着园林绿化建设、管理、养护等工作的运输任务，具有人、机动车辆和非机动车辆的通行作用。

（2）划分空间

园林中常利用道路把全园分隔成不同功能的景区，同时又通过道路，将各景区、景点联系成一个整体，形成连续的流动景观序列，极大地丰富了园林的空间形象，增强了园林的趣味。

（3）引导游览

园路不仅解决园林的交通问题，还是园林景观的导游脉络。园路中的主路和一部分次要道路自然而然地引导游人按照预定的路线有序地进行游览，使园林景观像一幅幅连续的图画，随着园路的延伸不断呈现在游人的面前。

（4）构成园景，创造园林意境

园路本身的曲线、质感、色彩、纹样、尺度等都能创造出不同的视觉趣味，给人以美的享受。同时园路还能创造园林意境。利用园路的形式和铺装的材料及铺装纹样，在某种特定环境中能渲染出特定的园林气氛，从而产生一定的意境。园林中的花街铺地十分讲究铺装用材与周围环境的协调，如故宫御花园的海棠图案铺地（图3-1-51）、狮子林中问梅阁的梅花图案铺地（图3-1-52）都以适宜的尺度、应景的图案融入周围环境。这些小小的铺地之景，传达给游客的是耐人寻味的意境，引人赞叹。

图 3-1-51　北京故宫御花园的海棠图案　　　图 3-1-52　苏州狮子林问梅阁的梅
　　　　　　铺地　　　　　　　　　　　　　　　　　　　花图案铺地

（5）为游人提供休息和观景的场所

当园路扩展、表现为无明显方向性的形式时，往往暗示着此处是静态停留地点，因此，此处常结合园林小品、花架、花坛、假山、树池等，为游人提供休息和观景的空间。

2. 园路的类型

（1）按平面构图形式分类

🍃规则式园路：规则式园路采用严谨整齐的几何形道路布局，突出人工之美。

🍃自然式园路：自然式园路以其自然曲线形道路布局，让人产生曲径通幽的意境。

（2）按使用功能分类

🍃主干道：指联系公园主要出入口、园内各功能分区、主要建筑物和广场的道路，是游览的主要路线，多呈环形布置。其道路规格根据园林的性质和规模的大小而异，中小型绿地一般路宽3～5 m，大型绿地一般路宽6～8 m，以能通行双向机动车辆为宜。

🍃次干道：为主干道的分支，分散在各景区，是连接景区各景点的道路，并和各主要建筑相连。路宽2.5～3.5 m，以能单向通行机动车辆为宜。

游步道：即小路，是各景区内连接各个景点，深入到山间、水际、林中、花丛，供人们漫步游赏的路。道路应满足两人并行，一般路宽 1.2 ~ 2 m，用于深入细部、作细致观察的小径宽 0.8 ~ 1 m，主要考虑单人通行。

专用道：也称园务路，是指为便于园务运输、养护管理的需要而建造的路。这种路往往有专门的出入口，直通公园的仓库、管理处、餐馆、杂物院等地，并与主干道相通，以便把物资直接运至各景点。

3. 园路布局设计要点

园路的布局设计要因地制宜，主次分明，有明确的方向性，从园林绿地的使用功能出发，根据地形、地貌、景点的分布和园务活动的需要综合考虑，统一规划。

（1）园路的回环性

尽可能将园林中的道路布置成"环网式"，以便组织不重复的游览路线和交通导游。

（2）疏密适度

园路的疏密程度同园林的规模、性质有关，在公园内道路大体占总面积的10% ~ 12%；在动物园、植物园或小游园内，道路网的密度可以稍大，但不宜超过 25%。

（3）因景筑路

园路与景相通，所以在园林中是因景筑路。园路回环萦迂，收放、开合、藏露交替，使人渐入佳境。园路路网应有明确的分级，园路的曲折迂回应有构思立意，应做到艺术上的意境与功能上的目的性有机结合（图 3-1-53），使游人步移景异。

（4）曲折性

园路应随地形和景物而曲折起伏，若隐若现，造成"山重水复疑无路，柳暗花明又一村"的情趣，以丰富景观，延长游览路线，增加景深层次，活跃空间气氛。

（5）多样性和装饰性

园林中路的形式多种多样（图 3-1-54）。园路可依其引导功能转化成多种形态，如在人流集散

图 3-1-53　园路意境与功能有机结合（苏健英　摄）

的地方或在庭院内，路可以转化为场地；在林间或草坪中，路可转化为步石或休息岛；遇到建筑，路可以转化为"廊"；遇山地，路可以转化为盘山道、磴道、石级、岩洞；遇水，路可以转化为曲桥、拱桥、堤、汀步等。园路以丰富的体态和情趣装点园林，使园林因路而引人入胜、妙趣横生。

园路是园景的一部分，应根据景的需要进行设计。我国园林中，自古对园路面层的铺装很讲究，路面或朴素、粗犷；或舒展、自然、古拙、端庄；或明快、活泼、生动，以不同的纹样、质感、尺度、色彩及不同的风格和时代要求来装饰园林（参见图 3-1-51，图 3-1-52）。

图 3-1-54　不同形式的园路

能力培养

以深圳南国花园广场设计为例，对园林造园各要素进行分析

　　深圳南国花园广场是以抽象式园林手法设计的下沉式广场。它位于深圳特区最繁华的商业区——罗湖区中心。特区发展中心大厦与国贸大厦分别位于广场南北，广场西面为国际商场，东面为南国影院。广场东西长近 150 m，南北长 96 m，面积约 1.5 hm²。南国花园广场的建成美化了深圳市，特别是罗湖区中心的市容。

　　南国花园广场位于嘉宾路之南，人民路之东，是闹市区中的一块绿洲，人们可在此休憩，也成为欣赏特区城市风光理想的驻足点。广场周围高楼林立，国贸大厦顶层旋转餐厅每天接待着来自全国及世界各地的游客。综上，南国花园广场设计首先要体现特区风格，具有较强的时代感；第二，应为人民大众游憩服务，便于游客观赏特区城市风貌，因此，应是开放的，雅俗共赏，与城市大环境取得协调；第三，是闹市区的一块绿洲，应突出绿化；第四，周围高楼林立，故应着重考虑广场的俯视景观。

　　根据以上分析，南国花园广场整体及细节设计如下：

1. 总体设计

　　南国花园广场平面设计如图 3-1-55，鸟瞰实景如图 3-1-56。由图中可看出，设计方案中直线与曲线相结合，打破规则式园林的对称性，避免自然式园林中的随意性，使曲线既生动活泼又有一定的规律可循，从而形成活泼、优美的平面构图。一个流动的 S 形水系穿插于广场绿地之中，将广场分隔成不同大小的若干空间，不但可以增加层次，丰富景观，并且可以分散人流，增加游览线路，有利于获得闹中取静的效果。广场也因水而活，空间变得更加生动。而下沉式的广场方便街道上的行人以略带俯视的角度欣赏到广场优美的平面布局。

2. 地形处理及排水

　　从广场纵断面 A-A、B-B 及横断面 C-C（图 3-1-57）可以看出广场地形设计的特点。广场普遍下沉一米多，用各种或陡或缓的斜坡与城市街道连接。下沉式广场地形处理的关键是要解决好排水，使广场排水系统与城市街道排水系统连通，

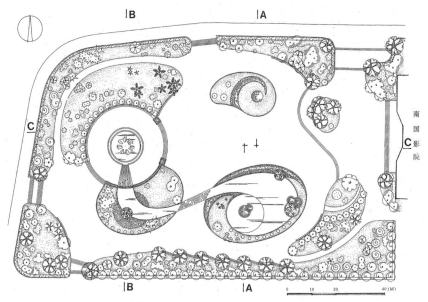

图 3-1-55 南国花园广场平面图

图 3-1-56 南国花园广场鸟瞰实景

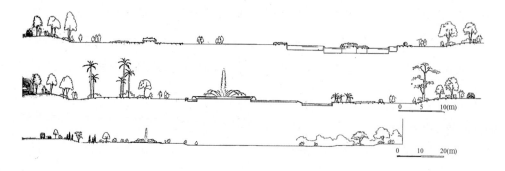

图 3-1-57 广场纵断面A-A（上）、B-B（中），横断面C-C（下）

以避免雨天积水。广场地面大多为 1% 坡度,坡向设在喷水池台阶两侧的雨水井,部分地面的坡度也基本控制在 0.5% ~ 3% 之间。局部地段因条件所限,雨水直接排入 S 形河流,再由河流的溢水口排入雨水管,从而解决了广场地面的排水问题。

3. 水体与雕塑

水体在广场中是一个重要的部分,也是变化较大的一个因素。水景在炎热的夏季带给人们一种清凉感;流动的水具有活力,流水淙淙,更令人欢欣;蓝天白云、高楼大厦和郁郁葱葱的植物在水面的映照下,形成一幅幅生动的画面;水中景物如真似幻,为广场增添了无穷的魅力与美感。

喷水池是广场的主体,在水池周围设有环沟,喷水池为溢流式,水从喷水池喷出,源源不断地向投资方南国影院方向流去,有盆满钵满的寓意。池壁池底均用浅蓝色马赛克贴面,池边用白色大理石镶嵌 134 条水槽,一旦喷水,水槽中都有泉水流出,溢流出的水流入环形水沟中并通过汀步流入 S 形河流。喷水池外围为一环形小广场。水池中央安装雪松喷泉并设置内外两圈喷水环管,环管外围设一圈大理石抽象雕塑,象征盛开的鲜花,由十六瓣白色大理石组成。它们或单瓣或重瓣,漂于水面之上,高低错落,遮挡喷水环管,使喷水池在停止喷水时也有较高的观赏价值。

为使喷泉取得变化,喷泉采用程控,并用红、黄、蓝、绿、紫五色水底彩灯照射,水槽设置彩色灯泡,隐藏于池壁顶板中,当夜幕降临时,七彩灯光映照在四散的喷泉上,景色绮丽,形成了五彩缤纷的夜景。

广场的 S 形水系一端为喷水池,另一端为卵形人工湖。该水系把广场中两块椭圆形绿地串联起来,使原先分散的几个局部连成一个整体。各个局部有聚有散,主次分明,气势连贯,并由于水位高差而形成了三级瀑布。

S 形水系底部保持 0.5% 坡度。卵形人工湖中有一沉池,沉池池底设潜水泵,以便将水抽向喷水池,解决了水的循环。喷水池水面略低于嘉宾路。池水溢流落入环沟形成了梯级瀑布。瀑布之水经 S 形水系流入卵形人工湖,湖中设有沉池,在湖畔及沉池中又布置了一些圆形组合花坛,是一种抽象化的半岛与孤岛,形成了湖中有岛的旖旎风光(图 3-1-58)。人工湖之水流入沉池,形成一条弧形瀑布。三级瀑布形式各异,景观丰富。

卵形人工湖本身带有旋转的动感,其中一尖角形半岛凸出湖中,因地形略带倾斜造成尖角起翘的态势,与 S 形河流结合,给人一种旋转流畅、生动向上的感觉,结合湖面的倒影和植物色彩的强烈对比，抽象式园林的特色明显体现出来了。这种尖角与曲线形成强烈的对比，景观引人入胜。

图 3-1-58　广场喷水池与卵形人工湖

4. 入口、台阶、铺地、坐凳与汀步

广场主要入口设置在嘉宾路及人民路，特区发展中心大厦一侧设一次入口，凡入口均设花岗石台阶。南国影院一侧设一小广场，用 S 形大台阶与广场相接，此台阶长 47 m，与 S 形河流相呼应，勾画出优美的流动曲线。喷水池小广场地面高出广场 0.60 m，设置 5 个台阶。广场台阶一般控制在 3～5 级，使广场地形略有起伏，人们常爱站在高低不同的台阶上照相或观看表演，少量的台阶也不致使游人产生劳累而影响游憩活动，这些台阶形成的线条和地面的高低错落也增添了广场的美感。

喷水池小广场的花岗石地面采用放射形排列，石缝用白水磨石镶嵌，在高层建筑上俯视时获得了以喷水池为中心向四周辐射的效果，如太阳放射的光芒。小广场的边缘设置了 38 m 长的一条弧形坐凳，喷水池升高 5 个台阶自然形成了演出舞台。为了便于组织人群活动，广场中央留出大面积的铺装地面，并在周围也设置了弧形坐凳，最短的坐凳也有 7 m 长，设置在 S 形水系的附近，头部呈弧形转角。这些转角坐凳结合广场绿地的边线形成跳动的波浪形，增加了流水的气氛。坐凳大多用白水磨石批挡，除了满足现代公共场所游人量大的需要外，利用弧形坐凳的曲线，还增强了广场的流线感，使广场平面更生动活泼。

汀步具有小桥的功能，广场河流中的汀步采用花岗石，并加工成几何形状，成为水中一景（图 3-1-59）。

5. 绿化配置

南国花园广场绿化总的要求应体现南国风光，做到四季常青，但也不排斥某些落叶大花乔木。植物品种约 80 种，

图 3-1-59　广场河流中的汀步

棕榈科植物大王椰子、金山葵为骨干树种，并配有假槟榔、酒瓶椰子、三药槟榔、鱼尾葵、散尾葵、软叶针葵、棕竹等。针叶树有南洋杉、异叶南洋杉，落叶大花树有木棉、凤凰木、刺桐、大叶紫薇，常绿花木有黄槐、串钱柳、水石榕、广玉兰、羽叶垂花树、第伦桃，庭荫树有印度榕、小叶榕、垂叶榕、桃花心木、幌伞枫，尖叶杜英与海南葡萄为背景树，还有各类花灌木及多年生草本花卉，如苏铁、朱蕉、洒金榕、红绒球、软枝黄蝉、木本牵牛花、红花蕉等。绿化原则是外密内疏，并在外围栽植宝巾及九里香绿篱，地面铺设台湾草，形成一个绿色的环境。下沉式广场结合斜坡状绿地及外密内疏的布置手法，有助于增强绿化气氛和扩大空间，并使广场与周围建筑有所分隔，便于高层建筑或街道上的行人对广场的观赏。广场中央绿化较为疏朗，空间表现出开放、明快的特点，也考虑便于从广场观看国贸大厦、特区发展中心大厦的景观效果。喷水池附近重点配置了棕榈科植物，使喷水池更富有南国情调。喷水池附近一组大王椰子衬托国贸大厦，金山葵的配置除了使广场更具南国风光外，也衬托特区发展中心大厦。喷水池小广场弧形坐凳旁为了遮阳和增加色彩，等距栽植了树冠端正并常年有花的黄槐。黄槐的背景种植南洋杉、尖叶杜英等高大乔木，以增加层次并加强广场绿化气氛，遮挡立面呆板的国际商场。而广场的花坛中，种植四季盛开的艳丽花草，形成强烈的色彩对比，产生热烈气氛。

　　沿着 S 形水系布置了若干圆形花坛及组合花坛，平面布局有聚有散，分布自然，丰富了广场的色彩并取得良好的装饰效果。在喷水池旁的一个圆形花坛中，栽植一组珍贵而稀有的酒瓶椰子，与近旁的金山葵相得益彰。卵形人工湖畔设一组以苏铁为主体的四季花坛，近旁的一个圆形花坛栽植一组软叶针葵，与苏铁相呼应。而沉池中的一组花坛分别栽植红花及黄花马缨丹，它们与湖畔成片的红草配合协调，在水面的衬托下，形成一个精彩的局部。

随堂练习

1. 抄绘 3 个不同类型的园林建筑平面图。
2. 抄绘绿地局部的植物配置平面图（图 3-1-60），其实景如图 3-1-61 所示。
3. 找两个城市园林植物配置佳例，绘制出植物配置的平面图。
4. 抄绘本书中不同形式的水景平面图 2 个。

香樟
八角金盘
金叶女贞
凤尾兰
大叶黄杨

香樟
垂柳

海桐球
红花檵木

图 3-1-60 小型绿地植物配置平面图

图 3-1-61 小型绿地植物配置实景

任务 3.2　小型绿地方案设计

任务目标 🍃

知识目标：1. 了解方案设计的初期准备工作。

2. 理解方案构思过程。

3. 了解常用方案设计的表现技法。

技能目标：1. 能够针对方案，简要分析其构思、立意、表现过程。

2. 能够初步完成小型绿地设计构思。

知识学习 🍃

一、方案设计的准备阶段

1. 设计要求的分析

（1）了解功能要求

园林用地的性质不同，其组成内容也不同，有的内容简单，功能单一；有的内容多，功能复杂。合理的功能关系能保证各种不同性质的活动内容的完整性和整体秩序性。各功能空间是相互关联的，常见的有主次、序列、并列和混合关系，具体表现为串联、分支、混合、中心、环绕等组织形式。我们常用框图法（图 3-2-1）表示这一关系，以厘清平面内容的位置、大小、属性、关系和序列等问题。

（2）提炼特点

🍃 使用者的特点：园林绿地所处位置的不同，使用对象的不同，都会对设计产生不同的影响。一条道路位于商业区和位于居住区，由于位置的不同带来不同的使用者。商业区道路的主要服务对象是购物者、游人，可为其提供一个好的购物外环境和短暂休憩之处。居住区道路主要服务居民，结合景观可设置一些供老人、儿童活动的场所，满足部分居民需求。

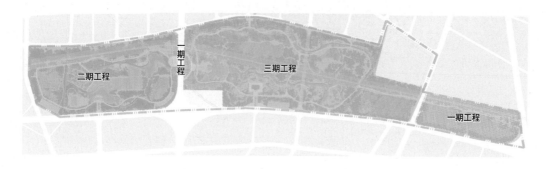

图 3-2-1　宁波植物园分期规划图
（刘桂玲绘，引自 2008 年中日韩风景园林大学生设计竞赛银奖作品"宁波植物园
概念性规划设计项目"，创作者：刘桂玲、蒋健、郑建南）

🍃所设计园林的特点：不同类型的园林绿地有着不同的景观特点。纪念性园林给人的印象应该是庄重的；而居住区内的中心绿地应该是亲切、活泼和舒适宜人的。因此必须首先准确地分析绿地的类型、特点，在此基础上进一步创作。

2. 环境调查分析

在进行园林设计之前，对现有环境条件进行全面、系统的调查和分析，可为设计者提供详细可靠的依据（图 3-2-2）。具体的调查包括地段环境、人文环境和城市规划设计条件三方面。

（1）地段环境

🍃自然条件：地形、地貌、水体、土壤、地质结构、植被。

🍃气象资料：日照条件、温度、风、降雨、小气候。

🍃周边建筑：地段内外相关建筑及构筑物状况（含规划的建筑）。

🍃道路交通：现有及未来规划道路及交通情况。

🍃城市方位：城市空间的所在位置。

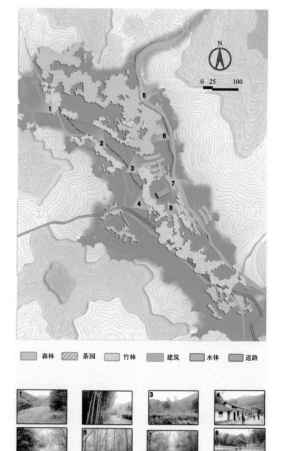

图 3-2-2　杭州白岩寺青竹园现状分析图
（刘桂玲　绘）

市政设施：水、暖、电、信、气、污等管网的分布及供应情况。

污染状况：相关的空气污染、噪声污染和不良景观的方位及状况。

根据以上环境条件，可以得出针对该地段的比较客观、全面的环境状况评价。

（2）人文环境

城市性质环境：是政治、文化、金融、商业、旅游、交通、工业还是科技城市；是特大、大型、中型还是小型城市。

地方文化风貌特色：和城市相关的文化风格、历史名胜、地方建筑。独特的人文环境可以创造出富有个性特色的空间造型（图 3-2-3）。

（3）城市规划设计条件

该条件是由城市管理职能部门依据法定的城市总体发展规划提出的，其目的是从城市宏观角度对具体的建筑项目提出若干控制性限定要求，以确保城市整体环境的良性运行与发展。

在设计前，要了解用地范围、面积、性质以及对于基地范围内构筑物高度的限定、绿化率等要求。

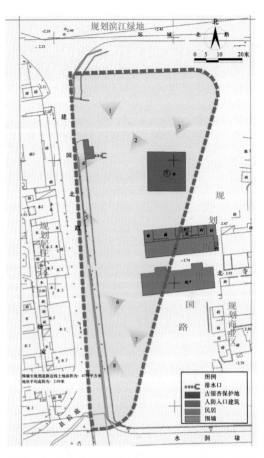

图 3-2-3 平湖松风园古树保护现状分析图
（刘桂玲 绘）

3. 经济技术条件分析

经济技术条件是指建设者所能提供用于建设的实际经济条件与可行的技术水平，它决定着园林建设的材料应用、规模等，是除功能、形式之外影响园林设计的另一个因素。

以浙江嘉兴未村规划为例 *，分析问题，得出思路，如图 3-2-4：城市人向往着"农村（传统）"，农村人走向"城市（现代化）"，我们的家在哪里？

---

* 引自"嘉兴未村的整体规划构思"，2009 中国风景园林学会大学生设计竞赛三等奖作品，创作者：刘桂玲、蒋健。

存在问题:
1.新农村建设的冰冷城市化,传统理想环境的丧失。
2.雨洪灾害与生态危机。
3.传统的自给自足与现代快速经济文化的冲突。
4.居住环境的变化伴随人群结构的变化,邻里关系的逐渐冷漠。

城市人向往着"农村",农村人涌向"城市",我们的家在哪里???

图 3-2-4　未村现状分析（蒋健 绘）

二、方案设计的构思阶段

1. 立意

立意是指园林设计的总意图,即设计思想。"神仪在心,意在笔先","情由景生,景为情造"。立意的方法很多,可以直接从大自然中汲取养分,获得设计素材和灵感,也可以发掘与设计有关的素材,并用隐喻、联想等手段加以艺术表现。

在我国传统园林的意境表达上,植物造景就有松为坚贞、梅为傲骨、竹为刚直、兰为清幽、菊为隐逸、荷为高洁的拟人说法。在庭园空间处理上,常以廊、墙分隔,以曲折小径及门、窗、洞相通,点缀山石,配置花木,步移景异,意境幽深,如苏州艺圃"芹庐小院"。扬州个园以石为构思线索,从春、夏、秋、冬四季景色中寻求意境,结合园林造景手法,形成"春山澹冶而如笑,夏山苍翠而如滴,秋山明净而如妆,冬山惨淡而如睡"之佳境。

仍以嘉兴未村为例。在现状分析后,试图将传统园林艺术与实际相结合,认为传统园林的继承关键是与基层结合,切实解决问题。通过对传统园林艺术的科学继承,创造一个包容现代文明、海纳百川式的新江南风景村落。于是,定题为:"水乡·桑田·新农村"（图 3-2-5）。

图 3-2-5　未村规划立意（蒋健 绘）

2. 构思

方案构思是在立意的思想指导下，把第一阶段的分析成果具体落实到图纸上。方案构思的切入点是多样的，应充分利用基地条件，从功能、形式、空间、环境等入手，运用多种手法形成方案的雏形。

（1）从环境特点入手

某些环境因素如地形地貌、景观影响以及道路等均可成为方案构思的启发点和切入点。

（2）从形式入手

在满足一定的使用功能后，可在形式上有所创新，可以将一些自然现象及变化过程加以抽象，用艺术形式表现出来。

在具体的方案设计中，可以同时从功能、环境、经济、结构等多个方面进行构思，或者在不同的设计构思阶段选择不同的侧重点，这样能保证方案构思的完善和深入。

针对嘉兴未村项目，根据"水乡·桑田·新农村"的立意，对未村具体的构思过程如图 3-2-6。

图 3-2-6　未村构思过程（刘桂玲 绘）

三、方案的调整与深入

1. 方案的调整

方案调整阶段的主要任务是解决方案在分析、比较过程中所发现的矛盾与问题，并弥补设计缺陷。对方案的调整应控制在适度的范围内，力求不影响或改变原有方案的整体布局和基本构思，并能进一步提高方案已有的优势水平。

针对嘉兴未村项目，将该场地的设计确定为最终的方案（图 3-2-7）。

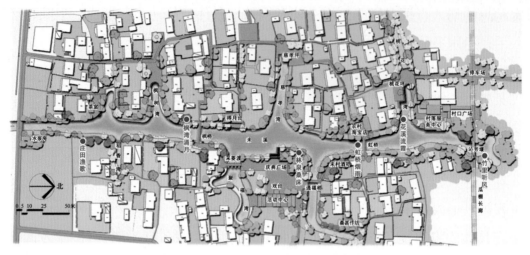

图 3-2-7　未村总体布局方案（蒋健　绘）

2. 方案的深入

在进行方案调整的基础上，对方案进行细致深入的修正与落实。深化阶段要落实具体的设计要素，如位置、尺寸及各要素的相互关系，将其准确无误地反映到平、立、剖面及总平面中来，且要注意核对方案设计的技术经济指标，如建筑面积、铺装面积、绿化率等。

针对嘉兴未村项目，该场地存在的矛盾，秉承传统理法特色来解决，分为三个层次：

（1）宏观

在完善基础设施、梳理生态水系的基础上，利用传统村落"聚居"的特点，突出"聚"的概念，结合村民活动的随机性，以水为聚集中心，滨水节点空间为基点，向四周发散式有机生长，创造村落居民共享的、连续的户外环境空间。

（2）中观

针对场地条件，因地制宜，强调场地自身的特点，融入人的活动与自然气候变化，突出一个设计解决多个问题，创造生态、生产、生活、旅游四者相结合的多功能活动场地，满足村民生活生产多种需求，同时促进村镇旅游经济的发展。

（3）微观

运用传统园林艺术手法创造各种意境空间，景到随机，造园无格，与季节、生态处理、活动特点等巧妙结合，赋予空间一定的生命力，强化空间的感知度，营造空间归属感。以下是未村方案构思后的断面意向图（图 3-2-8）。

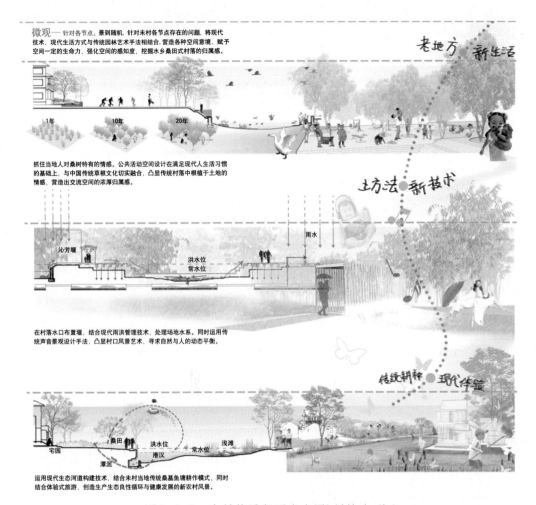

图 3-2-8　未村构思断面意向图（刘桂玲 绘）

四、方案设计的表现

1. 手绘表现（彩铅、马克笔、马克笔结合彩铅）

（1）彩铅表现技法

彩铅即彩色铅笔，是一种非常便捷的绘画工具，一般适用于表现细部，使用时比较费时。选用彩铅时，大多选用水溶性彩铅。

使用彩铅绘制时应保持笔触的统一，用色准确，下笔果断。在表现比较饱满和浓重的颜色时，用笔要有一定的力度；在表现比较融合的画面时，用笔可以较轻（图 3-2-9）。同时，运用彩铅画图时要注意线条的规律性和方向性。

（2）马克笔表现技法

马克笔是各设计专业徒手表现中最常用的着色工具，分为油性、水性和酒精三种。

图 3-2-9　彩铅用笔方式示意图

首先，笔触要成块状（图 3-2-10）。

其次，在运笔方向上要有微妙的变化，笔触轻松而肯定（图 3-2-11）。

最后，要注意笔触疏密和粗细的变化（图 3-2-12）。马克笔的用笔方式如图 3-2-13。

（3）马克笔结合彩铅表现技法

首先，用钢笔把骨线勾勒出来，勾骨线的时候要放得开，不要拘谨。先画近景，再画中景，最后画远景，避免不同的物体轮廓线交叉，在这个过程中边勾边上明暗调子，柱间形成整体，前景中对比，中景强对比，背景弱对比。

其次，用马克笔上色，用笔要大胆，要敢画，不然画出来的画会显得小气，没有张力。

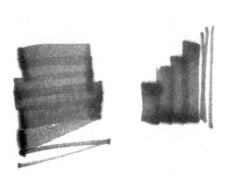

图 3-2-10　马克笔用笔笔触示意图

图 3-2-11　马克笔运笔方向示意图

图 3-2-12　马克笔运笔粗细变化

受力均匀，用笔肯定

受力不同，快速用笔

受力均匀，匀速用笔

图 3-2-13　马克笔用笔方式

最后，调整画面，这个阶段主要对布局做些修改，统一色调。到这一步往往可以介入彩铅，作为对马克笔的补充，对物体的质感做深入刻画。

需注意的是，彩铅在硫酸纸上绘制时不要反复涂改，因为彩铅在硫酸纸上的附着力不强，只能薄薄盖一层，画多了容易发腻，反而影响效果。

2. 计算机辅助设计软件表现（AutoCAD+Photoshop）

（1）AutoCAD 软件

园林设计方案一般常用手绘进行初期表现（图 3-2-14），待方案确定后，再利用 AutoCAD 软件进行平面绘制，这样更加方便、精确。一般在 AutoCAD 中可以绘制园林景观的总平面图（图 3-2-15）、各立面图、剖面图、详图以及施工详图。

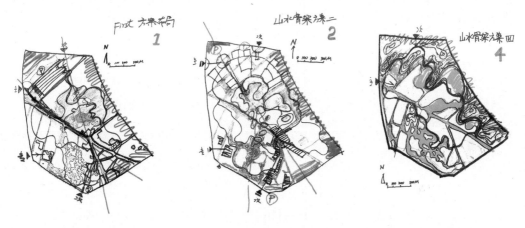

图 3-2-14　宁波植物园概念性规划设计项目初期手绘方案（蒋健 绘）

AutoCAD 可以保存每次绘图稿，进行单稿修改、图与图的合并和拆分、旋转和缩放，成图时间短速度快，图纸线条明晰，标注数据精确，可分层编辑，并且有快捷的命令输入。通过 AutoCAD 命令可将原来绿地中的建筑、道路、山石、水体、植物灯设施进行合理布局，填充图案，赋予颜色，分层、分色、分线宽、分线型、尺寸标注等，从而绘制出一幅园林图。

（2）Photoshop 软件

Photoshop（简称 PS）在园林绘图工作中可以对图像进行编辑、修改、调整、合成、修补和添加效果灯润色，并能转换多种格式的图形文件，可以进行多种效果图的后期加工制作（图 3-2-16）。在园林效果图中合成图像，如天空、植物、水

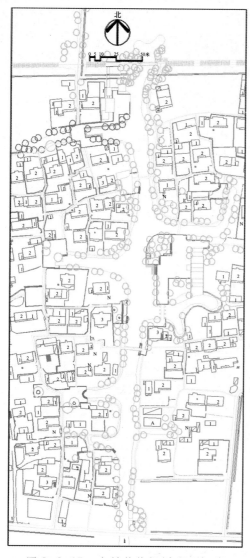

图 3-2-15　未村整体规划 CAD 初稿

体、雕塑、山石等，可以不同的图层存在并进行编辑。通道工具不仅可以增加园林效果图多彩的影像，还可以辅助图像制作成需要的园林绘图用素材图和背景图，并且以最佳质量、最节约空间的 JPEG 格式文件保存。

　　AutoCAD 输出的各种格式文件，可以在 Photoshop 中打开或导入，进行编辑、使用。Photoshop 存储的格式文件可以在 AutoCAD 中使用"插入 – 图像管理器"输入使用（图 3-2-17）。除掌握最基本的软件操作命令外，还应掌握相关的园林制图规范，以及学会造园要素在图纸上的正确表达方法。

　　对于以上两个常用制图软件，需要达到的技能要求主要有以下几个方面：① 具有基本的操作系统使用能力；② 具有基本图形的生成及编辑能力；③ 具有复杂图形（如块的定义与插入、图案填充等）、尺寸、复杂文本等的生成及编辑能力；④ 具有图形的输出、转换及相关设备的使用能力。

图 3-2-16　杭州某小区南大门后期 PS 处理图

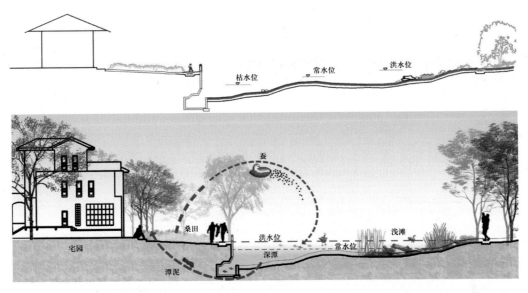

图 3-2-17 断面图在 AutoCAD 与 Photoshop 中的转换（刘桂玲 绘）

能力培养

作一小型园林绿地设计方案，绘出平面图，并作手绘表现——以迎上海世界博览会城市绿化景点设计方案二（Win-win）* 为例

2010 年上海世界博览会（以下简称上海世博会）主题为"城市，让生活更美好"，场地规划设计项目用各种植物材料、以不同的造型及布置方式来表达和演绎上海世博会的主题，倡导尊重自然，维护生态环境，建设和爱护家园，体现人与生态的和谐，结合文化艺术，共同创造和谐的生态环境和幸福、美好的家园。

本方案设计包括标准地块设计和具体地块设计两部分内容：

1. 标准地块设计

2010 年上海世博会，是上海向现代国际大都市转变的一个契机，体现上海与国际间的合作、共同发展、共利共赢。图 3-2-18、图 3-2-19、图 3-2-20 以中国象棋棋子与国际象棋棋子内部各设有灯饰，在夜间照亮整个空间，体现上海

---

* 该方案为 2009 年"上海迎世博城市绿化景点及容器绿化设计方案征集""入围方案奖"，设计单位：浙江农林大学植物景观设计创新团队；设计主持：包志毅（教授）、王欣（教授）；设计师：刘桂玲、蒋健、张斌、柳智等。

与世界的和谐、共明。

图 3-2-18　标准地块方案二平面设计图

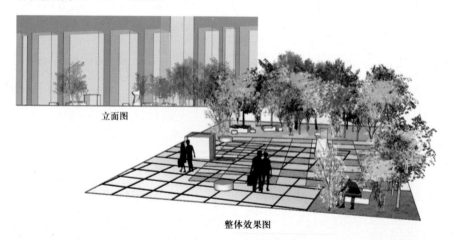

图 3-2-19　标准地块方案二立面及效果图（刘桂玲 绘）

迎世博城市绿化景点及容器绿化设计方案

标准地块设计18m×15m——Win-win

局部效果图

局部场景夜间效果图

局部白天场景效果图

图 3-2-20 标准地块方案二效果图（刘桂玲 绘）

2. 具体地块设计

（1）现状分析

该地块位于黄浦区西藏南路以东，中山南路以南。绿地总面积约 1 380 m²，背景树为香樟林，草坪上的黄杨球根据设计需要可以去除（图 3-2-21）。

（2）设计理念

该区域绿地率较高，可采用规则式与自然式相结合，创造出活泼、灵动的空间；

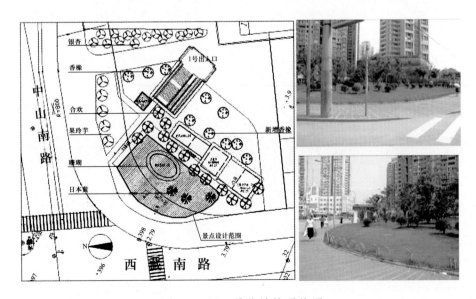

图 3-2-21 具体地块现状图

以植物造景为主，为路边游人提供休闲、游憩的场所。设计寓意及概念如下：

🍃 提取"火"的概念，寓意快速发展的城市生活，突出城市作为人类文明发展源头（火种）的特质。

🍃 融入老上海文化。

（3）设计手法及特点

如图 3-2-22 至图 3-2-26 所示。

图 3-2-22　具体地块方案设计平面图（蒋健 绘）

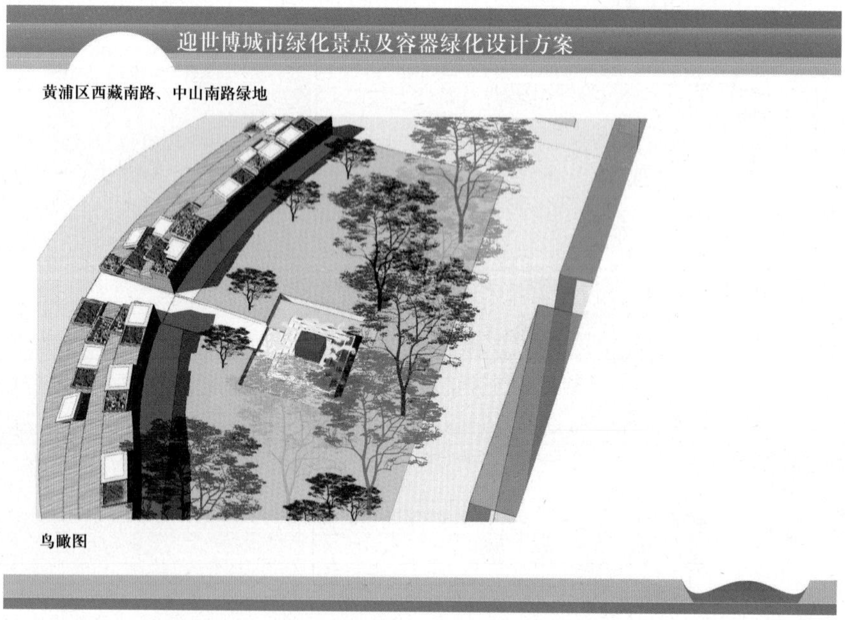

图 3-2-23　具体地块方案设计鸟瞰图（蒋健 绘）

图 3-2-24 具体地块方案设计"休闲台阶"效果图（蒋健 绘）

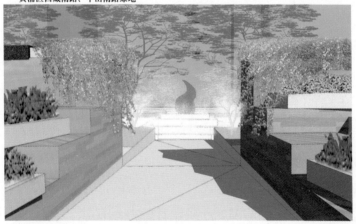

图 3-2-25 具体地块方案设计"火种雕塑"效果图（蒋健 绘）

🌿 设计强调边缘的处理，运用几层木台阶形成与外界相对独立的半开敞空间。

🌿 以火雕塑跌水为景观中心，保留原有植被，进行适当改造，形成内部的特殊空间。

🌿 利用火柴盒与种植容器结合，台阶内部墙壁装饰上海老照片壁灯，构成具有上海趣味的休闲空间，同时体现上海城市发展的过程。

图 3-2-26　具体地块方案设计"胶片景墙"效果图（蒋健　绘）

随堂练习

下面为某庭院现状，根据已给数据，设计一个绿化方案，并利用 AutoCAD 绘制出平面图。

现状分析：该庭院的设计范围为 5 m×5 m（图 3-2-27），庭院外围绿化 5 m×1.2 m（图 3-2-28）；房屋现状如图 3-2-29。居住者为一对退休老人。

任务分解：首先，根据现状图，拟定各自的设计创意，绘制出大概平面图（可以是手绘图，也可以是 CAD 图）。

针对完成的现状平面图，进行 CAD 方案设计，并绘制出 A3 纸平面图 1 张。

图 3-2-27　庭院绿化尺寸 5 m×5 m（刘桂玲　摄）

图 3-2-28　庭院外围绿化尺寸 5 m×1.2 m（刘桂玲 摄）

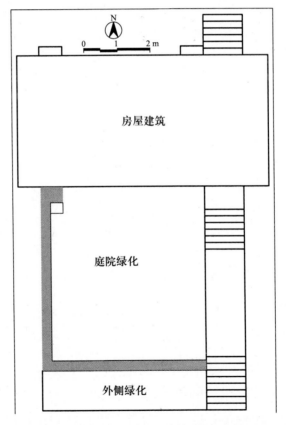

图 3-2-29　现状 CAD 平面图（刘桂玲 绘）

项 目 小 结

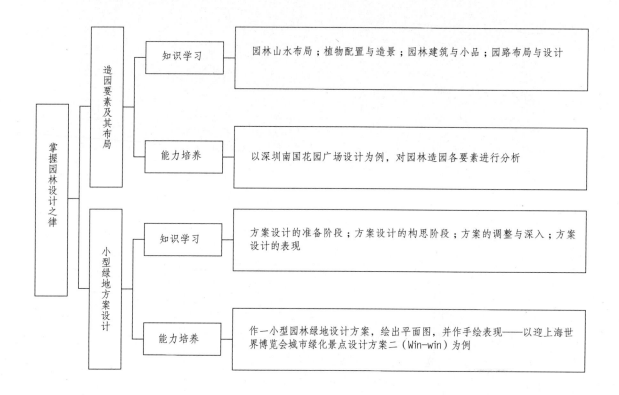

掌握园林设计之律
├─ 造园要素及其布局
│   ├─ 知识学习 —— 园林山水布局；植物配置与造景；园林建筑与小品；园路布局与设计
│   └─ 能力培养 —— 以深圳南国花园广场设计为例，对园林造园各要素进行分析
└─ 小型绿地方案设计
    ├─ 知识学习 —— 方案设计的准备阶段；方案设计的构思阶段；方案的调整与深入；方案设计的表现
    └─ 能力培养 —— 作一小型园林绿地设计方案，绘出平面图，并作手绘表现——以迎上海世界博览会城市绿化景点设计方案二（Win-win）为例

参 考 文 献

［1］（美）约翰·西蒙兹. 景观设计学. 3版. 俞孔坚，王志芳，孙鹏等，译. 北京：中国建筑工业出版社，2000

［2］余海珍，邱慧灵，等. 园林绘画. 北京：科学出版社，2011

［3］高成广. 风景园林计算机辅助设计. 北京：化学工业出版社，2010

［4］周兴元，袁明霞. 园林规划设计. 南京：江苏教育出版社，2012

［5］中华人民共和国城市绿化条例（2011年1月8日施行）

［6］城市道路绿化规划与设计规范（行业标准 CJJ 75—97）

［7］公园设计规范（行业标准 CJJ 48—92）

［8］城市绿化工程施工及验收规范（CJJA3 82—2012）

防伪查询说明

用户购书后刮开封底防伪涂层，利用手机微信等软件扫描二维码，会跳转至防伪查询网页，获得所购图书详细信息。也可将防伪二维码下的 20 位密码按从左到右、从上到下的顺序发送短信至 106695881280，免费查询所购图书真伪。

反盗版短信举报

编辑短信"JB，图书名称，出版社，购买地点"发送至 10669588128

防伪客服电话

（010）58582300

学习卡账号使用说明

一、注册 / 登录

访问 http://abook.hep.com.cn/sve，点击"注册"，在注册页面输入用户名、密码及常用的邮箱进行注册。已注册的用户直接输入用户名和密码登录即可进入"我的课程"页面。

二、课程绑定

点击"我的课程"页面右上方"绑定课程"，正确输入教材封底防伪标签上的 20 位密码，点击"确定"完成课程绑定。

三、访问课程

在"正在学习"列表中选择已绑定的课程，点击"进入课程"即可浏览或下载与本书配套的课程资源。刚绑定的课程请在"申请学习"列表中选择相应课程并点击"进入课程"。

如有账号问题，请发邮件至：4a_admin_zz@pub.hep.cn。